ゼロ

iPhone《アイフォーン》 SE 第2世代 スマートガイド

iOS 15対応版

リンクアップ 著

技術評論社

CONTENTS

CONTENTS

Chapter 8
iCloud を活用する

Chapter 9
iPhone をもっと使いやすくする

CONTENTS

Chapter 10 iPhoneを初期化・再設定する

ご注意：ご購入・ご利用の前に必ずお読みください

●本書に記載した内容は、情報の提供のみを目的としています。したがって、本書を用いた運用は、必ずお客様自身の責任と判断によって行ってください。これらの情報の運用の結果について、技術評論社および著者、アプリの開発者はいかなる責任も負いません。

●ソフトウェアに関する記述は、特に断りのない限り、2021年10月現在での最新バージョンをもとにしています。ソフトウェアはバージョンアップされる場合があり、本書での説明とは機能内容や画面図などが異なってしまうこともあり得ます。あらかじめご了承ください。

●本書は以下の環境で動作を確認しています。ご利用時には、一部内容が異なることがあります。あらかじめご了承ください。また、iOS 15未満をご利用の場合は、P.10以降を参考にアップデートを行ってください。
端末 ： iPhone SE 第2世代（iOS 15.0.2）
パソコンのOS ： Windows 10

●インターネットの情報については、URLや画面などが変更されている可能性があります。ご注意ください。

以上の注意事項をご承諾いただいたうえで、本書をご利用願います。これらの注意事項をお読みいただかずに、お問い合わせいただいても、技術評論社は対処しかねます。あらかじめ、ご了承sください。

Introduction 01

ひと目でわかる iOS 15の新機能

本書では、iOS 15に対応しているiPhone SEを使用した操作方法を解説しています（アップデート方法は次節参照）。最新のiOS 15では、より使いやすい機能が追加されました。

Safari

検索フィールドが画面下部に移動し、より高機能なタブバーになりました。タブは、「タブグループ」によって、テーマでまとめることができます。また、起動時に編集可能なスタートページが表示され、従来の「お気に入り」のほかに、ブックマーク、よく訪れるサイト、リーディングリスト、プライバシーレポートなどを表示することができます。

FaceTime

Androidスマートフォンやパソコンのwindowsユーザーとも会話ができるようになりました。また、「SharePlay」と呼ばれる、音楽やビデオのストリーミングサービスのコンテンツをいっしょに楽しむ機能が、後に予定されているアップデートで提供されます。

集中モード

通知の動作などを、これまでのおやすみモードに加え、シーン別にさらに細かく管理できるようになりました。標準で用意された「運転中」などから選ぶほか、自分だけのモードを作成することも可能です。位置情報や時間で自動的に有効にできるほか、重要な通知は集中モードでも通知することができます。

通知

いろいろなアプリから届く1日の通知の要約を、設定したスケジュールに合わせて（標準は午前8時と午後6時）表示できるようになります。利用にはあらかじめ設定が必要です。

iPhoneの基本的なジェスチャー操作

電源をオフにする

ウィジェットを表示する／Appライブラリを表示する

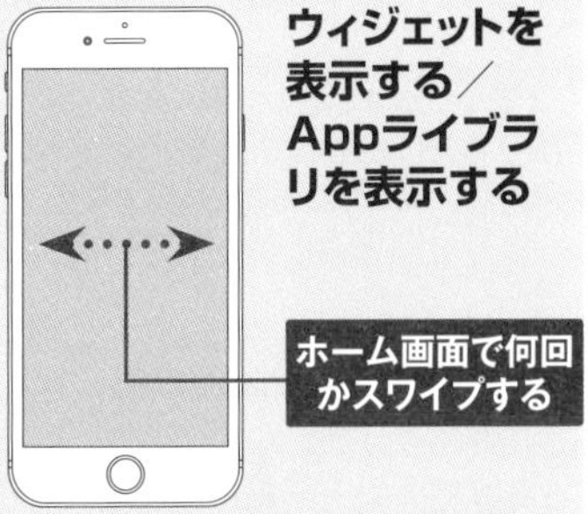

コントロールセンターを表示する

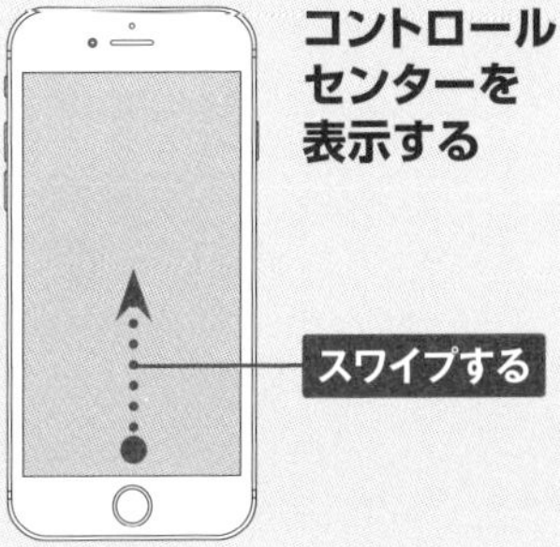

通知センターを表示する

最近利用したアプリを表示する

画面を下に下げる

Introduction 02

最新のiOS 15にアップデートする

インターネットからアップデートを行う際は、必ずWi-Fiに接続してから操作を行いましょう。Wi-Fiが利用できない場合や空き容量が少ない場合は、パソコンのiTunesからアップデートすることも可能です。

Wi-Fiに接続してアップデートする

① Sec.17の方法でWi-Fiに接続し、ホーム画面で＜設定＞をタップします。

② ＜一般＞をタップします。

③ ＜ソフトウェア・アップデート＞をタップします。

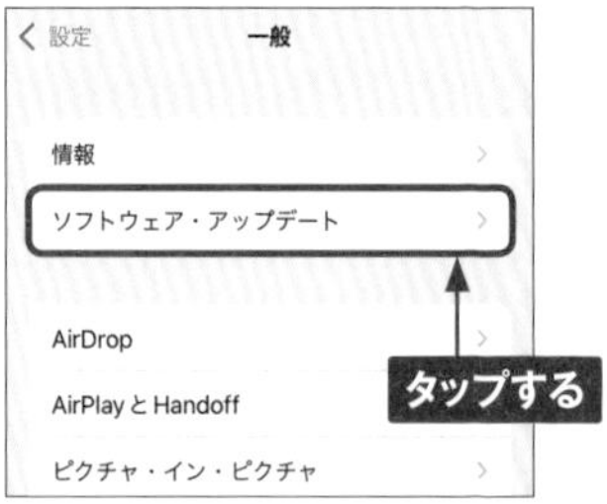

④ ＜ダウンロードしてインストール＞または＜今すぐインストール＞をタップします。「iOSは最新です」と表示されている場合は、アップデートの必要はありません。

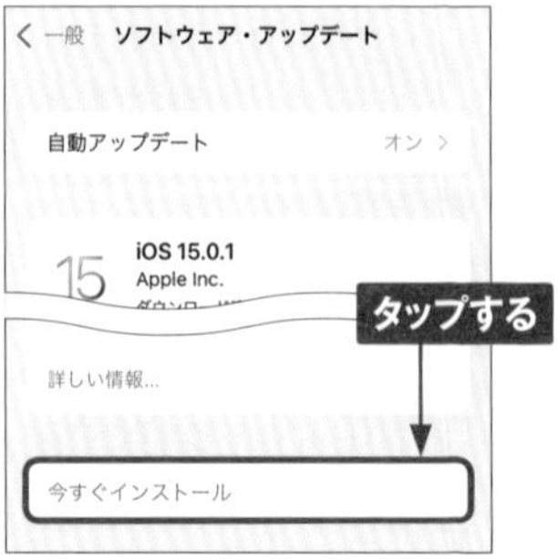

⑤ 「アップデートを検証中…」と表示され、アップデートが開始します。

⑥ パスコードの入力を求められたら、パスコードを入力します。パスコードを設定していない場合、この画面は表示されません。

⑦ アップデートが完了し、ホーム画面が表示されます。

MEMO

自動的にアップデートする

自動的にアップデートする場合は、P.10手順④の画面で<自動アップデート>をタップし、「iOSアップデートをダウンロード」と「iOSアップデートをインストール」が になっていることを確認します。

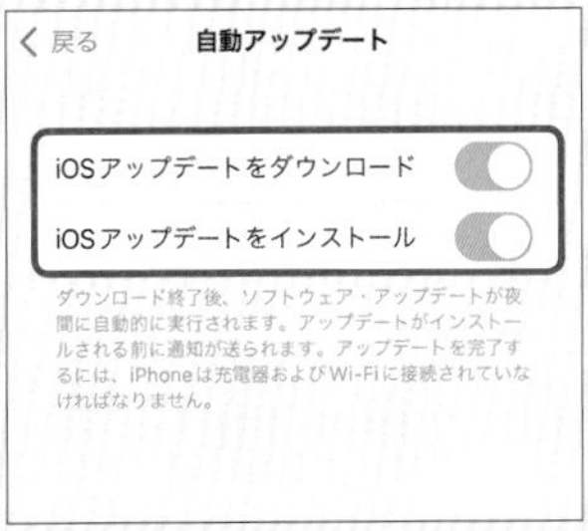

WindowsでiTunesに接続してアップデートする

① iTunesを「https://www.apple.com/jp/itunes/download/」からパソコンにインストールし、iPhoneとパソコンをLightning-USBケーブルで接続すると、自動的にiTunesが起動します。初回は＜続ける＞をクリックします。

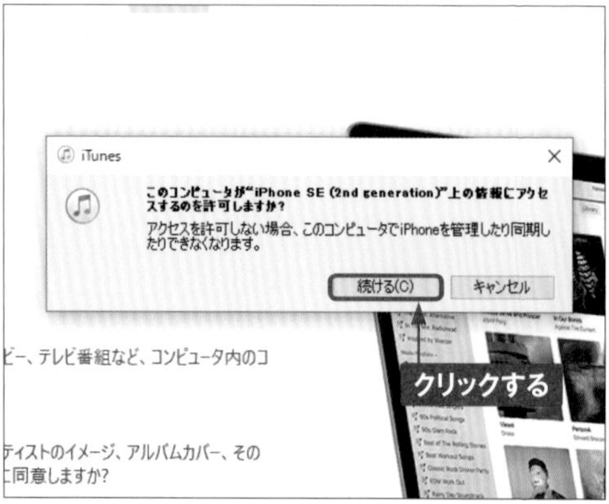
iTunes
このコンピュータが"iPhone SE (2nd generation)"上の情報にアクセスするのを許可しますか?
アクセスを許可しない場合、このコンピュータでiPhoneを管理したり同期したりできなくなります。
続ける(C)
キャンセル
クリックする
ビー、テレビ番組など、コンピュータ内のコ
ティストのイメージ、アルバムカバー、その
に同意しますか?

② iPhoneの画面に確認画面が表示されたら、＜信頼＞をタップします。

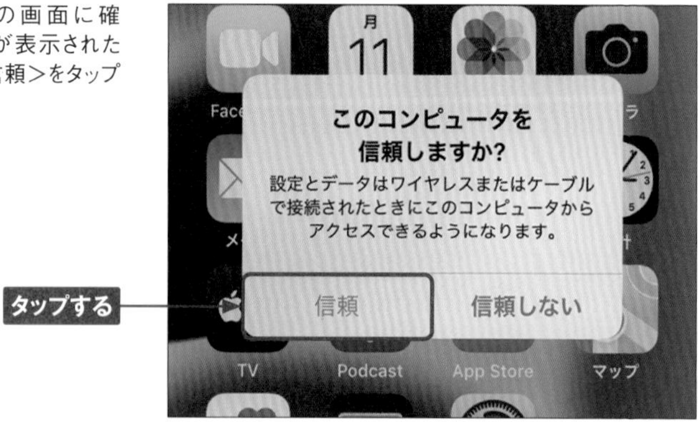
月
11
このコンピュータを信頼しますか?
設定とデータはワイヤレスまたはケーブルで接続されたときにこのコンピュータからアクセスできるようになります。
信頼
信頼しない
タップする
TV
Podcast
App Store
マップ

③ iPhoneの画面にパスコード入力が表示されたら入力し、パソコンで＜同意します＞をクリックします。

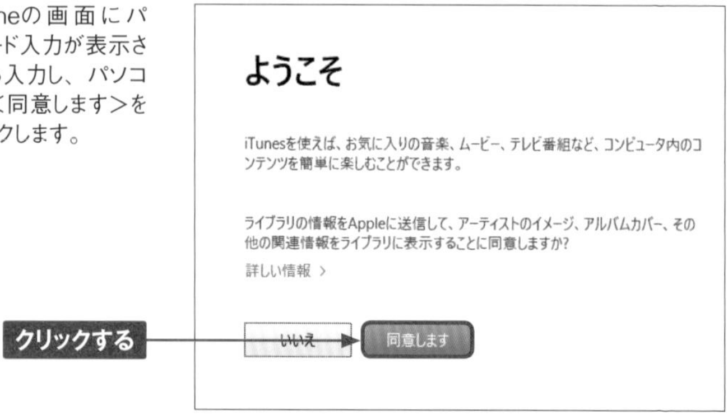
ようこそ
iTunesを使えば、お気に入りの音楽、ムービー、テレビ番組など、コンピュータ内のコンテンツを簡単に楽しむことができます。
ライブラリの情報をAppleに送信して、アーティストのイメージ、アルバムカバー、その他の関連情報をライブラリに表示することに同意しますか?
詳しい情報 ＞
いいえ
同意します
クリックする

4. をクリックします。

5. 画面左のメニューから＜概要＞をクリックします。

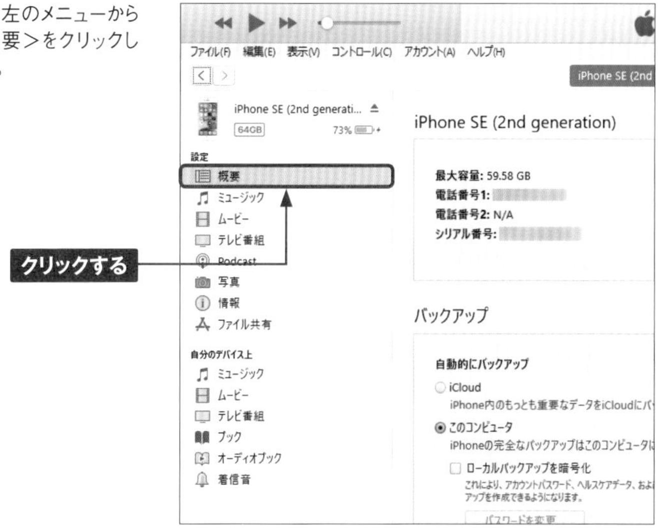

6. ＜アップデート＞→＜アップデート＞の順にクリックします。

⑦ ＜次へ＞をクリックします。

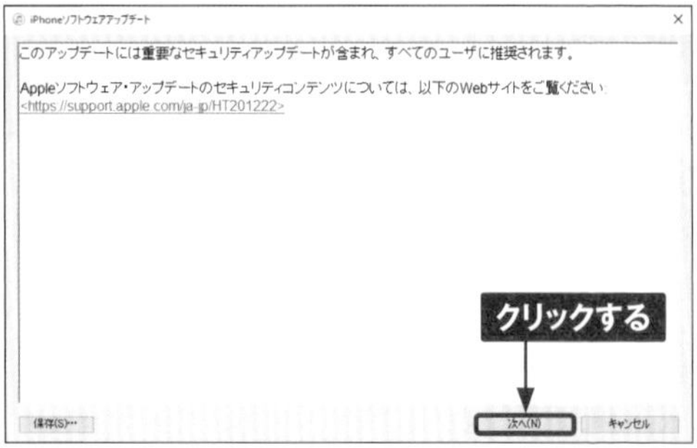

iPhoneソフトウェアアップデート
このアップデートには重要なセキュリティアップデートが含まれ、すべてのユーザに推奨されます。
Appleソフトウェア・アップデートのセキュリティコンテンツについては、以下のWebサイトをご覧ください:
<https://support.apple.com/ja-jp/HT201222>
クリックする
保存(S)…
次へ(N)
キャンセル

⑧ ＜同意する＞をクリックすると、ダウンロードが開始されます。

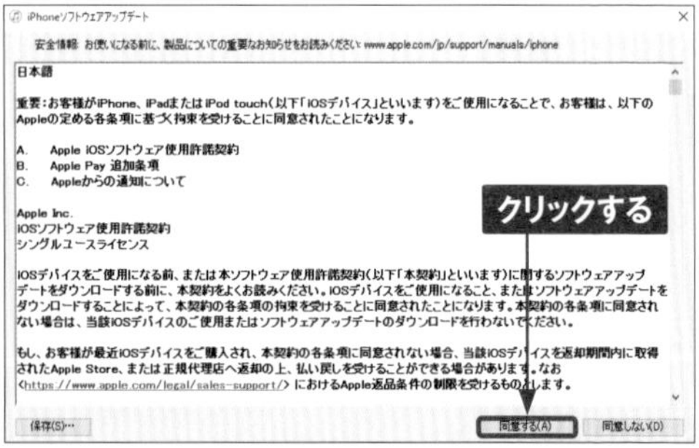

iPhoneソフトウェアアップデート
安全情報: お使いになる前に、製品についての重要なお知らせをお読みください: www.apple.com/jp/support/manuals/iphone
日本語
重要:お客様がiPhone、iPadまたはiPod touch(以下「iOSデバイス」といいます)をご使用になることで、お客様は、以下のAppleの定める各条項に基づく拘束を受けることに同意されたことになります。
A. Apple iOSソフトウェア使用許諾契約
B. Apple Pay 追加条項
C. Appleからの通知について
Apple Inc.
iOSソフトウェア使用許諾契約
シングルユースライセンス
iOSデバイスをご使用になる前、または本ソフトウェア使用許諾契約(以下「本契約」といいます)に関するソフトウェアアップデートをダウンロードする前に、本契約をよくお読みください。iOSデバイスをご使用になること、またはソフトウェアアップデートをダウンロードすることによって、本契約の各条項の拘束を受けることに同意されたことになります。本契約の各条項に同意されない場合は、当該iOSデバイスのご使用またはソフトウェアアップデートのダウンロードを行わないでください。
もし、お客様が最近iOSデバイスをご購入され、本契約の各条項に同意されない場合、当該iOSデバイスを返却期間内に取得されたApple Store、または正規代理店へ返却の上、払い戻しを受けることができる場合があります。なお<https://www.apple.com/legal/sales-support/> におけるApple返品条件の制限を受けるものとします。
クリックする
保存(S)…
同意する(A)
同意しない(D)

⑨ ダウンロードが完了すると、自動的にアップデートが開始されます。＜OK＞をクリックします。

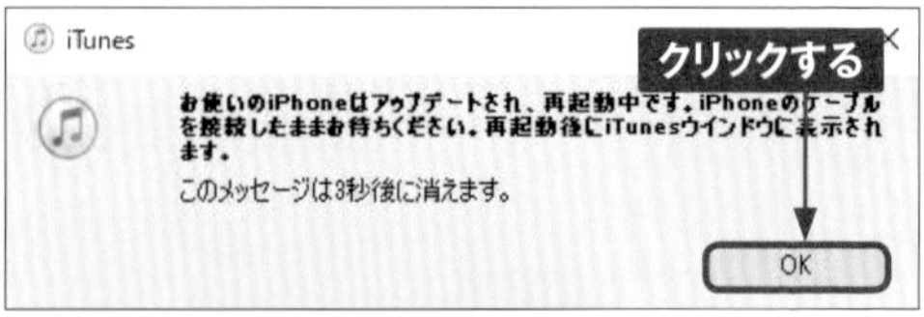

iTunes
クリックする
お使いのiPhoneはアップデートされ、再起動中です。iPhoneのケーブルを接続したままお待ちください。再起動後にiTunesウインドウに表示されます。
このメッセージは3秒後に消えます。
OK

⑩ iPhoneでパスコードの入力を求められたら、パスコードを入力します。アップデートが完了します。

パスコードを入力
入力する
1
2 ABC
3 DEF
4 GHI
5 JKL
6 MNO
7 PQRS
8 TUV
9 WXYZ

Chapter 1

iPhoneのキホン

Section 01

電源のオン・オフとスリープモード

iPhoneの電源の状態には、オン、オフ、スリープモードの3種類があり、サイドボタンで切り替えます。また、一定時間操作しないと自動的にスリープモードに移行します。

ロックを解除する

1 スリープモードのときに画面を持ち上げて、傾けます。もしくは、本体右側面のサイドボタンを押します。

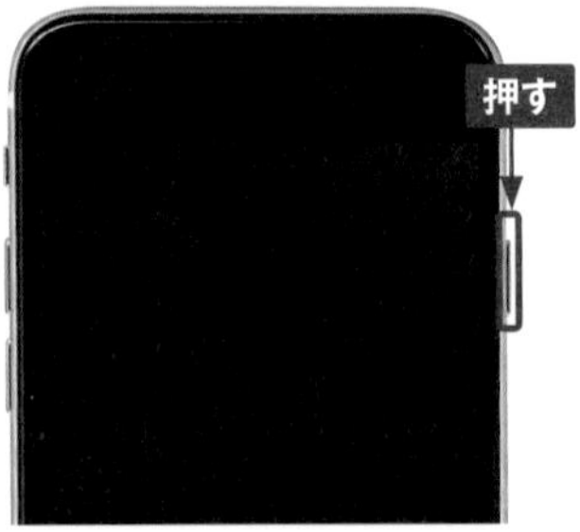

2 ロック画面が表示されるので、ホームボタンを押します。パスコード（Sec.65参照）が設定されている場合は、パスコードを入力します。

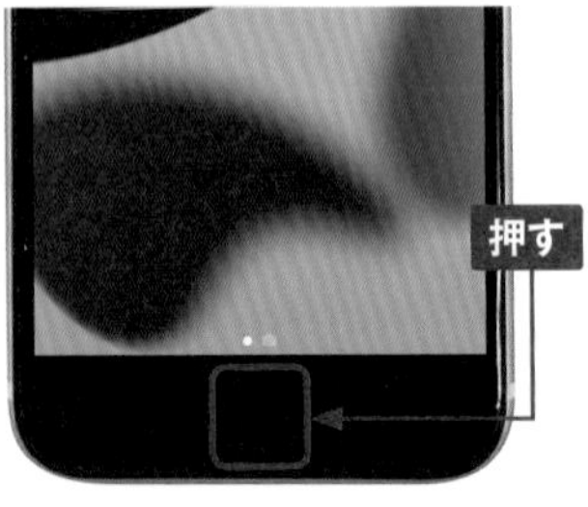

3 ロックが解除されます。サイドボタンを押すと、スリープモードになります。

MEMO ソフトウェア・アップデート

iPhoneの画面を表示したときに「ソフトウェア・アップデート」の通知が表示されることがあります。これはOSのアップデートが可能な場合に表示されます。最新のOSにすることで新機能の追加や不具合の修正などが行われるので、P.10以降を参考にアップデートを行ってください。

電源をオフにする

1 電源が入っている状態で、サイドボタンを長押しします。

2 ⏻を右方向にドラッグすると、電源がオフになります。

3 電源をオフにしている状態で、サイドボタンを長押しすると、電源がオンになります。

MEMO

持ち上げて解除をオフにする

初期状態では、iPhoneを持ち上げて手前に傾けるだけでスリープモードが解除されるように設定されています。解除しないようにするには、ホーム画面から＜設定＞→＜画面表示と明るさ＞の順にタップし、「手前に傾けてスリープ解除」の をタップして、 にします。

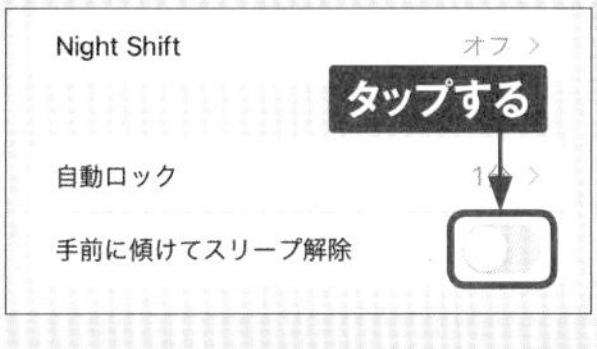

Section 02

iPhoneの基本操作を覚える

iPhoneは、指で画面にタッチすることで、さまざまな操作が行えます。また、本体の各種ボタンの役割についても、ここで覚えておきましょう。

1

本体の各種ボタンの操作

着信／サイレントスイッチ
消音モードのオン・オフを切り替えることができます（P.54参照）。

音量ボタン
音量の調節が可能です。

サイドボタン
スリープモードの解除や、電源のオン・オフに使用します。

ホームボタン／ Touch ID
ホーム画面を表示できます。縦向きの状態で2回タップすると、画面が下がり、すばやく2回押すと、最近利用したアプリが一覧表示されます。指紋認証のTouch IDセンサーも兼ねています。

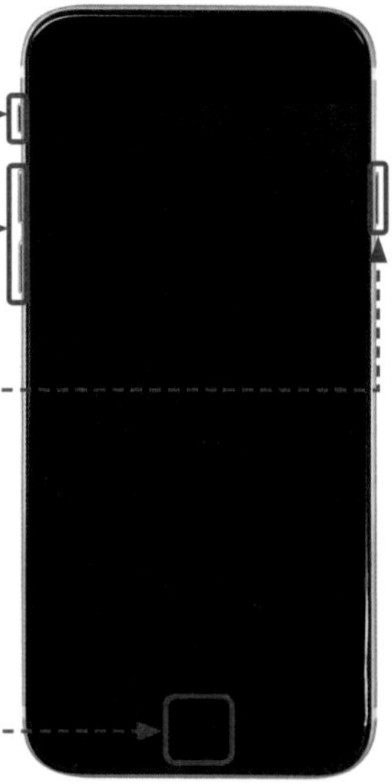

MEMO 本体を横向きにすると画面も回転する

iPhoneを横向きにすると、アプリの画面が回転し横長で表示されます（画面の向きが固定されていない場合）。ただし、アプリによっては画面が回転しないものもあります。

マルチタッチスクリーンの操作

タップ／ダブルタップ

画面に軽く触れてすぐに離すことを「タップ」、同操作を2回くり返すことを「ダブルタップ」といいます。

タッチ

画面に触れたままの状態を保つことを「タッチ」といいます。

ピンチ（ズーム）

2本の指を画面に触れたまま指を広げることを「ピンチオープン」、指を狭めることを「ピンチクローズ」といいます。

ドラッグ／スライド（スクロール）

アイコンなどに触れたまま、特定の位置までなぞることを「ドラッグ」または「スライド」といいます。

スワイプ

画面の上を指で軽く払うような動作を「スワイプ」といいます。

MEMO

触覚タッチ（ハプティックタッチ）

アイコンをタッチして押さえたままにすることを触角タッチ、もしくはハプティックタッチと呼びます。通常のタッチと異なり、指にコツンとフィードバックするのが特徴です。オプションメニューの表示や内容のプレビュー表示などを行うことができます。

ホーム画面の使い方を覚える

iPhoneのホーム画面では、アイコンをタップしてアプリを起動したり、ホーム画面を左右に切り替えたりすることができます。また、ウィジェットで情報を確認することも可能です。

iPhoneのホーム画面

ステータスバー：インターネットへの接続状況や現在の時刻、バッテリー残量などのiPhoneの状況が表示されます。

ウィジェット：ニュースや天気など、さまざまなカテゴリの情報をウィジェットで確認することができます（Sec.06参照）。

Appアイコン：インストール済みのアプリのアイコンが表示されます。

Dock：よく使うアプリのアイコンを最大4個まで設置できます。ホーム画面を切り替えても常時表示されます。

ホーム画面の位置：ホーム画面の数と、現在の位置を表します。

ホーム画面を切り替える

1 ホーム画面を左方向にスワイプします。

2 右隣のホーム画面が表示されます。画面を右方向にスワイプすると、もとのホーム画面に戻ります。

3 もとのホーム画面から右方向にスワイプすると、ウィジェットが表示されます。画面を左方向にスワイプすると、もとのホーム画面に戻ります。

4 ホーム画面を何回か左方向にスワイプすると、アプリが各ジャンルごとに自動的に振り分けられたAppライブラリが表示されます。何回か右方向にスワイプすると、もとのホーム画面に戻ります。

Section 04

通知センターで通知を確認する

iPhoneの画面上部にある、現在時刻やバッテリーの状態を表すステータスバーを下方向にスワイプすると、「通知センター」が表示され、アプリからの通知を一覧で確認できます。

通知センターを表示する

1 ステータスバーを下方向にスワイプします。

2 通知センターが表示されます。

3 通知があると、下のように表示されます。

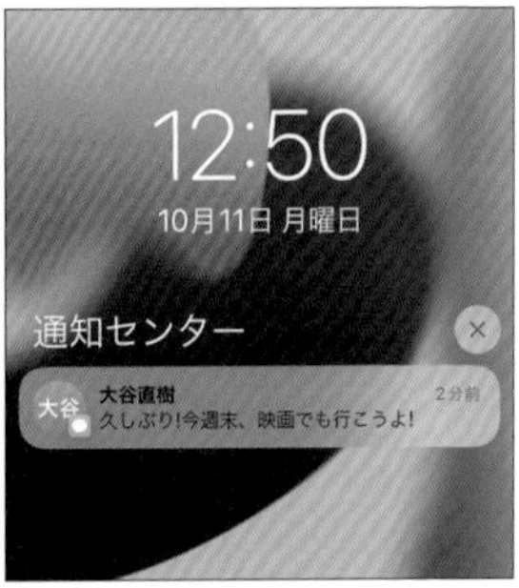

4 ホームボタンを押すと、通知センターが閉じてもとの画面に戻ります。

通知センターで通知を確認する

1 P.22手順①を参考に通知センターを表示し、通知をタップすると（<開く>が表示された場合は<開く>もタップ）、アプリが起動します。

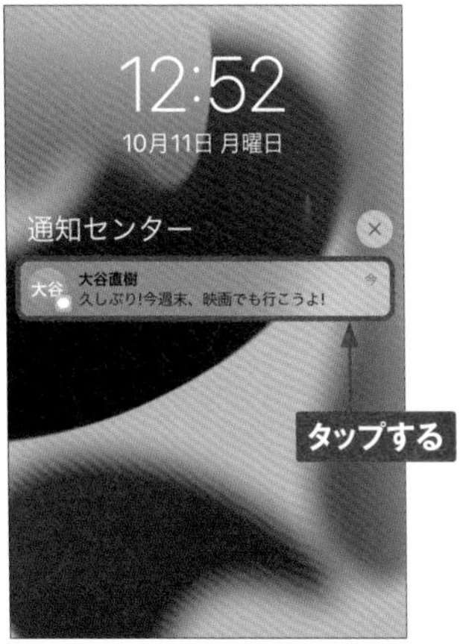

2 通知を削除したい場合は、通知を左方向にドラッグします。

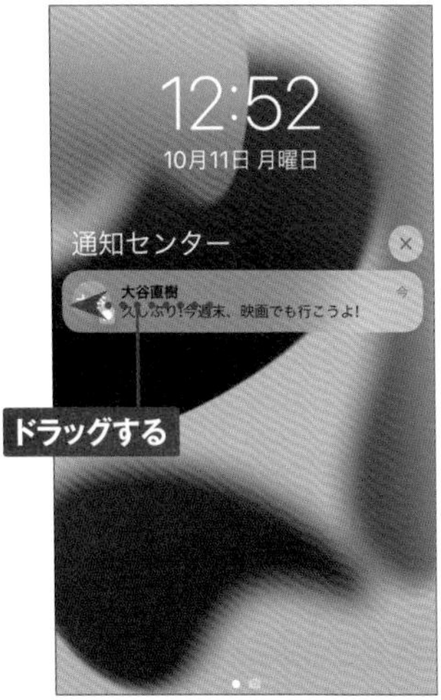

3 <消去>をタップすると、通知を削除できます。

MEMO グループ化された通知を見る

同じアプリからの通知はグループ化され、1つにまとめて表示されます。まとめられた通知を個別に見たい場合は、グループ通知をタップすれば展開して表示されます。展開された通知は、右上の<表示を減らす>をタップすると、再度グループ化されます。

Section 05

コントロールセンターを利用する

iPhoneではコントロールセンターからもさまざまな設定を行えるようになっています。ここでは、コントロールセンターの各機能について解説します。

コントロールセンターで設定を変更する

1 画面の下端を上方向にスワイプします。

2 コントロールセンターが表示されます。上部に配置されているアイコン（ここでは青表示になっているWi-Fiのアイコン）をタップします。

3 アイコンがグレーに表示されてWi-Fiの接続が解除されます。もう一度タップすると、Wi-Fiに接続されます。画面を下方向にスワイプすると、コントロールセンターが閉じます。

MEMO **コントロールセンターの触覚タッチ**

コントロールセンターの項目の中には、触覚タッチ（P.19参照）でオプションメニューの表示ができるものがあります。

コントロールセンターの設定項目

❶機内モードのオン／オフを切り替えられます（P.54MEMO参照）。

❷モバイルデータ通信のオン／オフを切り替えられます。

❸Wi-Fiの接続／未接続を切り替えられます。

❹Bluetooth機器との接続／未接続を切り替えられます。

❺音楽の再生、停止、早送り、巻戻しができます。

❻iPhoneの画面を縦向きに固定する機能をオン／オフできます。

❼音楽や動画をAirPlay対応機器で再生することができます。

❽集中モード（Sec.68参照）の設定ができます。

❾上下にドラッグして、画面の明るさを調整できます。

❿上下にドラッグして、音量を調整できます。

⓫True Toneフラッシュを点灯したり消したりできます。触覚タッチで明るさを選択できます。

⓬＜時計＞アプリのタイマーが起動します。触覚タッチで簡易タイマーが起動します。

⓭＜計算機＞アプリが起動します。

⓮＜カメラ＞アプリが起動します。触覚タッチで撮影モードが選択できます。

⓯コードスキャナーが起動します。QRコードに向けてiPhoneのカメラをかざすだけで、URLなどを読み取ることができます。

MEMO

コントロールセンターのカスタマイズ

コントロールセンターをカスタマイズしたいときは、ホーム画面で＜設定＞→＜コントロールセンター＞の順にタップすると、アイコンの追加／削除ができます（Sec.61参照）。

Section 06

ウィジェットやスマートスタックを利用する

iPhoneでは、ニュースや天気など、さまざまなカテゴリの情報をウィジェットで確認することができます。また、対応しているウィジェットをスマートスタックとして1つにまとめて表示することもできます。

ウィジェットで情報を確認する

1 ホーム画面を何回か右方向にスワイプします。

2 ウィジェットが一覧表示されます。画面を上方向にスワイプします。

3 下部のウィジェットが表示されます。画面を左方向にスワイプすると、ホーム画面に戻ります。

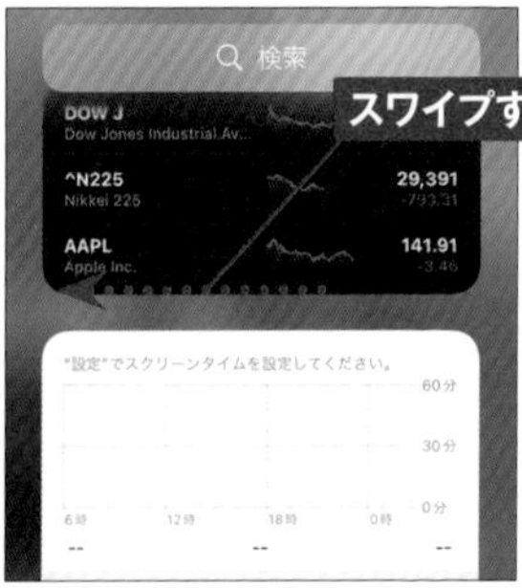

MEMO ロック画面からウィジェットを表示する

ロック画面を右方向にスワイプすることでも、ウィジェットを表示することができます。

スマートスタックの表示を切り替える

1 P.26手順①を参考にウィジェットを表示します。初期状態では、最上部に表示されているウィジェットがスマートスタックです。

2 スマートスタックを上下にスワイプすると、ほかのウィジェット（ここでは「バッテリー」）が表示されます。

MEMO スマートスタックとは

「スマートスタック」は、複数のウィジェットを1つにまとめることができるウィジェットの機能です。上下にスワイプすることで、表示するウィジェットを切り替えることができます。初期状態では、<写真>アプリの「For You」、<ミュージック>アプリの「最近再生した項目」、「バッテリー」、「ヒント」、「ショートカット」の5つのウィジェットがセットされています。また、「スマートローテーション」がオンになっている場合は、時間や場所、アクティビティなどをもとに、適切なウィジェットが適切なタイミングで表示されます（P.211 MEMO参照）。

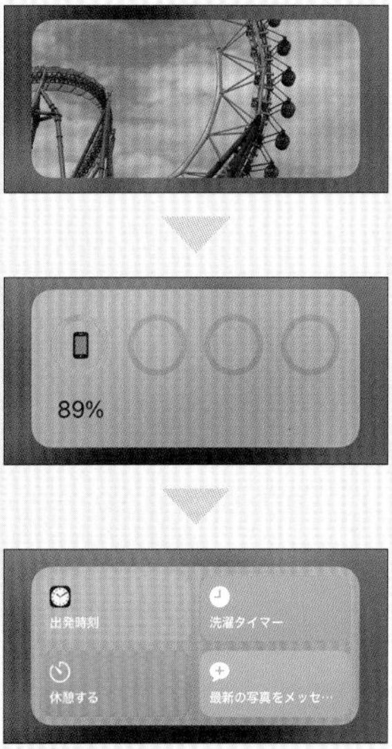

Section 07

アプリを起動・終了する

iPhoneでは、ホーム画面のアイコンをタップすることでアプリを起動します。また、ホームボタンをすばやく2回押すことで、アプリを終了したり、切り替えたりすることが可能です。

アプリを起動する

① ホーム画面でをタップします。

② <Safari>アプリが起動しました。ホームボタンを押します。

③ ホーム画面に戻ります。

MEMO アプリの利用を再開する

手順③でホーム画面に戻っても、アプリは終了していません。再度同じアイコンをタップすると、手順②の続きの状態から操作を再開することができます。

アプリを終了する

1 ホームボタンをすばやく2回押します。

2 最近利用したアプリの画面が表示されます。画面を上方向にスワイプします。

3 起動中のアプリ画面が消え、アプリが終了します。

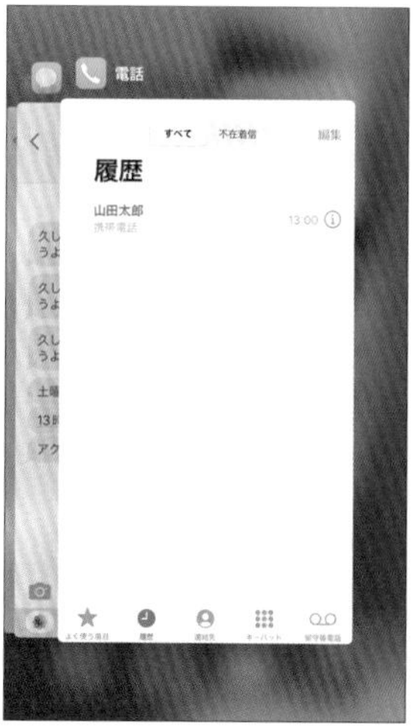

MEMO アプリを切り替える

手順②の際、アプリの画面をタップすることで、そのアプリにすばやく切り替えることができます。

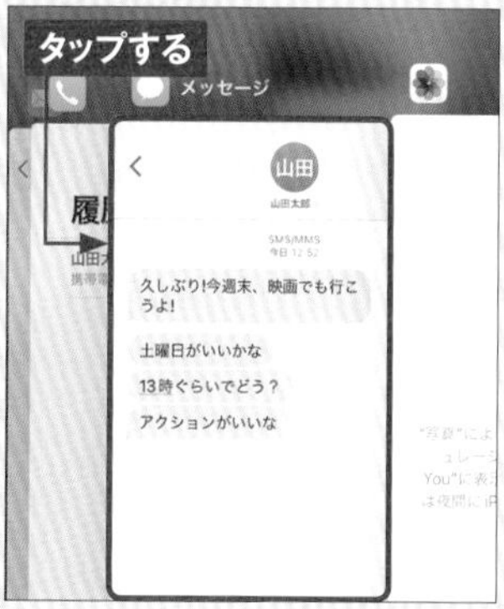

Section 08

文字を入力する

iPhoneでは、オンスクリーンキーボードを使用して文字を入力します。一般的な携帯電話と同じ「テンキー」やパソコンのキーボード風の「フルキー」などを切り替えて使用します。

iPhoneのキーボード

テンキー

フルキー

MEMO

2種類のキーボードと4種類の入力方法

iPhoneのオンスクリーンキーボードは主に、テンキー、フルキーの2種類を利用します。標準の状態では、「日本語かな」「絵文字」「English (Japan)」「音声入力」の4つの入力方法があります。「日本語ローマ字」や外国語のキーボードを別途追加することもできます。なおGboardやSimejiなどサードパーティ製のキーボードアプリをインストールして利用することも可能です。

キーボードを切り替える

1 キー入力が可能な画面（ここでは「メモ」の画面）になると、オンスクリーンキーボードが表示されます。初期状態では、テンキーの「日本語かな」が表示されています。キーボードを切り替えたいときは、🌐をタップします。

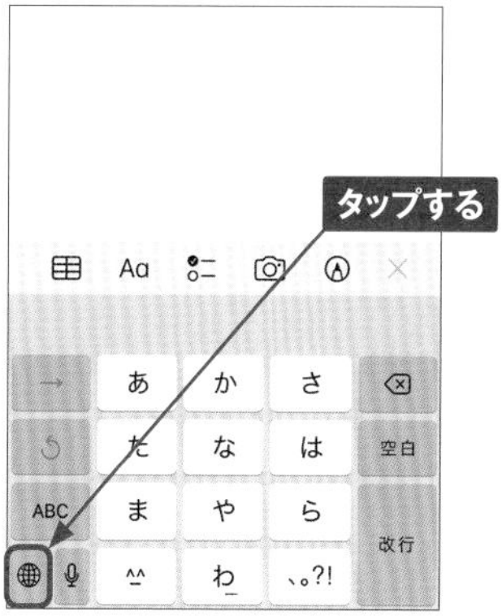

2 「絵文字」が表示されます。**ABC**または**あいう**をタップします。

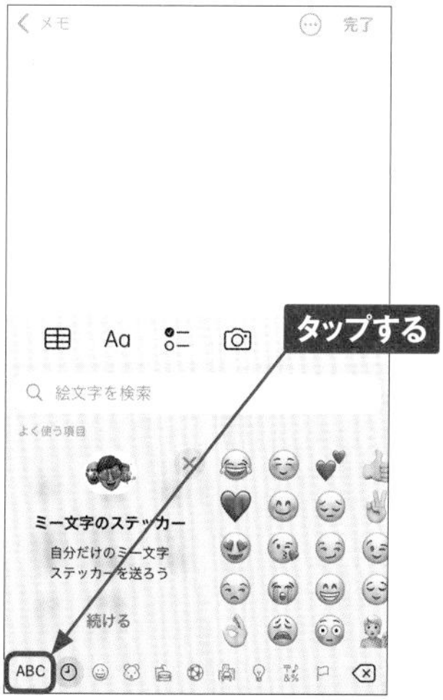

3 フルキーの「English(Japan)」が表示されます。🌐をタップすると、手順①の画面に戻ります。

MEMO キーボード一覧を表示して切り替える

🌐を長押しすると、現在利用できるキーボードが一覧表示されます。その中から目的のキーボードをタップすると、使用するキーボードが切り替わります。

テンキーの「日本語かな」で日本語を入力する

1　テンキーは、一般的な携帯電話と同じ要領で入力が可能です。たとえば、まを4回タップすると、「め」が入力できます。

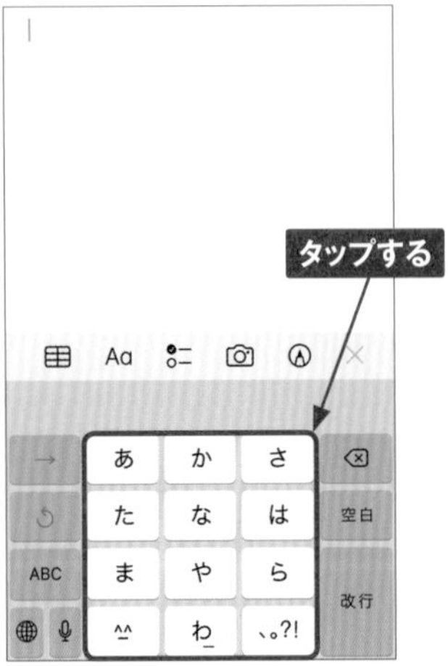

2　入力時に゛小゜をタップすると、その文字に濁点や半濁点を付けたり、小文字にしたりすることができます。

3　単語を入力すると、変換候補が表示されます。候補の中から変換したい単語をタップすると、変換が確定します。

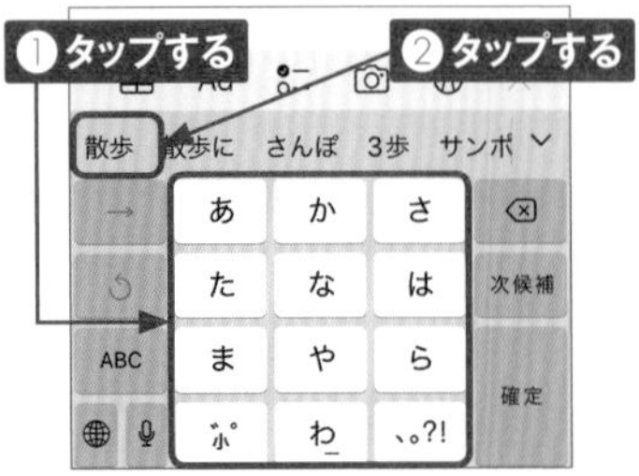

4　文字を入力し、変換候補の中に変換したい単語がないときは、変換候補の欄に表示されている∨をタップします。

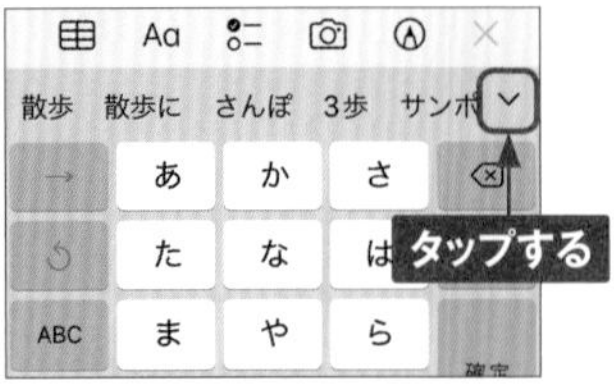

5　変換候補の欄を上下にスワイプして文字を探します。もし表示されない場合は、∧をタップして入力画面に戻ります。

6 変換したい単語のうしろをタップして、変換の位置を調整し、変換候補を左右にドラッグして探し、タップします。変換したい単語が候補にないときは、P.32手順④～⑤の操作をします。

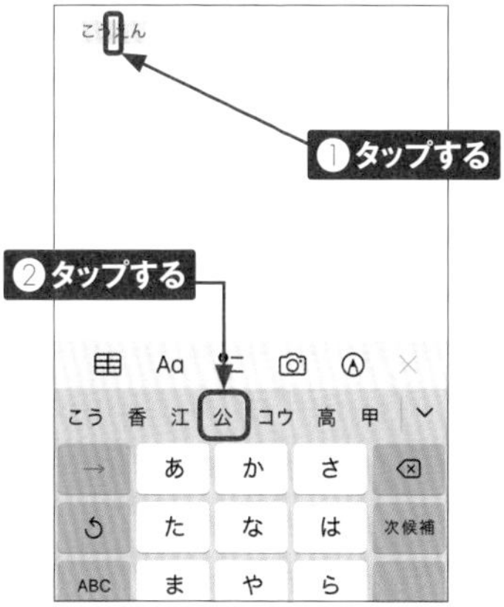

7 手順⑥で調整した位置の単語だけが変換されました。

8 顔文字を入力するときは、^^をタップします。

9 顔文字の候補が表示されます。入力したい顔文字をタップします。

テンキーで英字・数字・記号を入力する

1 ABCをタップすると、英字のテンキーに切り替わります。

2 日本語入力と同様に、キーを何度かタップして文字を入力します。入力時にa/Aをタップすると、入力中の文字が大文字に切り替わり、＜確定＞をタップすると入力が確定されます。

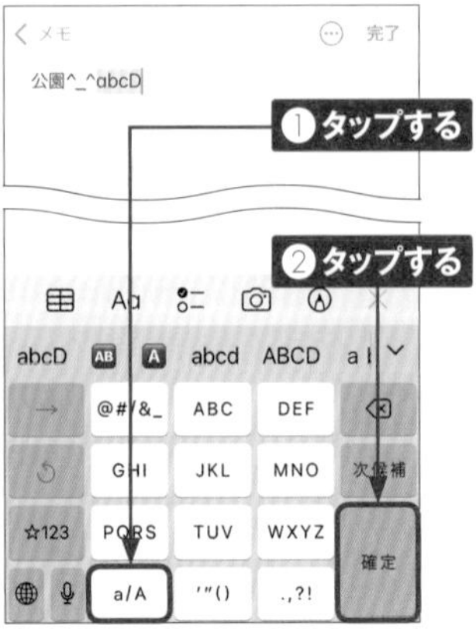

3 数字・記号のテンキーに切り替えるときは、☆123をタップします。

4 キーをタップすると数字を入力できます。↻をタップすると、記号を入力できます。あいうをタップすると日本語入力に戻ります。

そのほかの入力方法

1 テンキーでは、キーを上下左右にスライドすることで文字を入力できます。入力したい文字のキーをタッチします。

2 キーをタッチしたまま、入力したい文字の方向へスライドします。タッチしなくても、すばやくスワイプすることで対応する文字が入力されます。

3 スライドした方向の文字が入力されます。ここでは下方向にスライドしたので、「こ」が入力されました。

MEMO

音声入力を行う

音声入力を行うには、キーボードの をタップします。初めて利用するときは、＜音声入力を有効にする＞をタップすると、iPhoneに向かって入力したい言葉を話すと、話した言葉が入力されます。

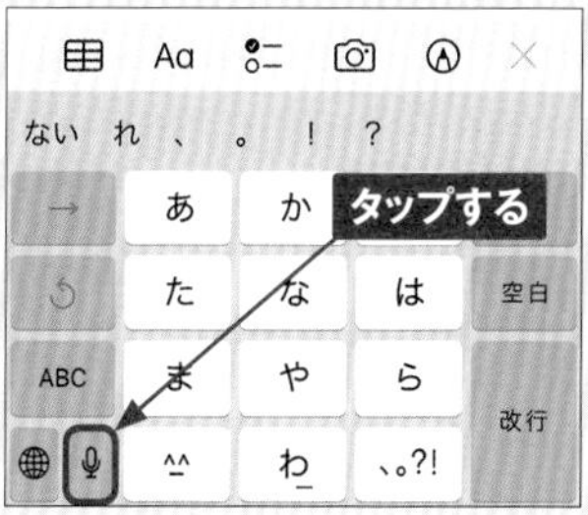

「English（Japan）」で英字・数字・記号を入力する

1 P.31を参考に、「English（Japan）」を表示します。そのあと、キーをタップして英字を入力します。行頭の1文字目が大文字で入力される場合は、⬆をタップしてから入力すると小文字にできます。

2 入力した文字によって、単語の候補が表示されます。表示された候補をタップすると、単語が入力されます。

3 数字を入力するには、123をタップします。

4 数字や記号が入力できるようになりました。そのほかの記号を入力するときは、#+=をタップします。

片手入力に切り替える

1 をタッチします。

2 をタップします。

3 キーボードが左寄りに配置され、片手入力に切り替わります。

4 手順②の画面でをタップすると、キーボードが右寄りになります。《もしくは》をタップすると、もとの状態に戻ります。

MEMO

そのほかのキーボードから切り替える

片手入力への切り替えは、キーボードによって異なります。「絵文字」は**ABC**または**あいう**、「English (Japan)」はをタッチすると、片手入力に切り替えられます。

Section 09

文字を編集する

iPhoneでは、入力した文字の編集や、コピー&ペーストといった操作がかんたんに行えます。メールやメモを書く際には欠かせない機能なので、使い方をしっかり覚えておきましょう。

文字を削除する

1 文字を削除したいときは、削除したい文字のうしろをタップします。

2 ⌫を消したい文字の数だけタップすると、文字が削除されます。

MEMO 触覚タッチでテキストを選択する

<メール>アプリの表示画面やSafariでは、文字列を触角タッチすると、単語を選択状態にすることができます。選択した状態では、テキストをコピーしたり調べたりすることができます。

文字をコピー&ペーストする

1 コピーしたい文字列をタッチします。指を離すと、メニューが表示されるので、<選択>をタップします。

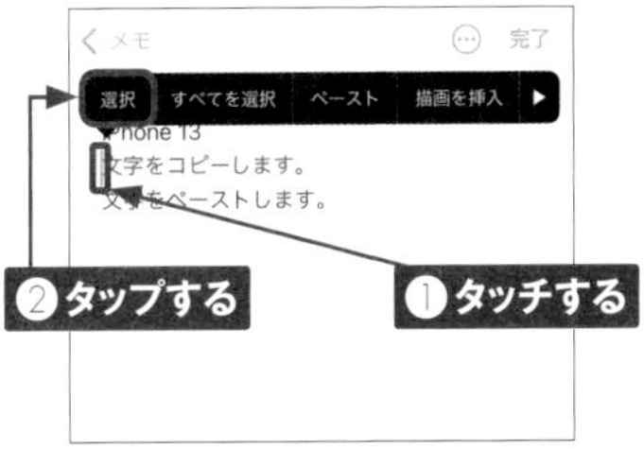

2 単語が選択された状態になります。選択範囲は、とをドラッグして変更します。

3 選択範囲を調整し、指を離すとメニューが表示されるので、<コピー>をタップします。

4 コピーした文字列を貼り付けたい場所をタッチします。指を離すと、メニューが表示されるので、<ペースト>をタップします。

5 手順③でコピーした文字列がペーストされました。

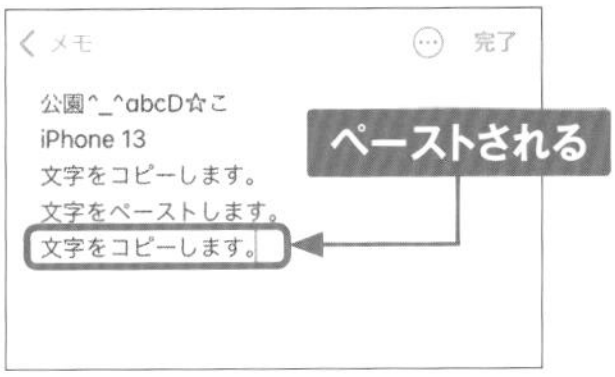

MEMO 3本指のジェスチャー操作

文字入力時に、3本指を使う「ジェスチャー」が利用できます。下の表を参考にしてください。

コピー	3本指でピンチクローズ
カット	3本指でダブルピンチクローズ(すばやく2回ピンチクローズ)
ペースト	3本指でピンチオープン
取り消し	3本指で左方向にスワイプ
もとに戻す	3本指で右方向にスワイプ
メニュー呼び出し	3本指でタップ

トラックパッド機能を使う

1 文字入力中に、<空白>をタッチします。

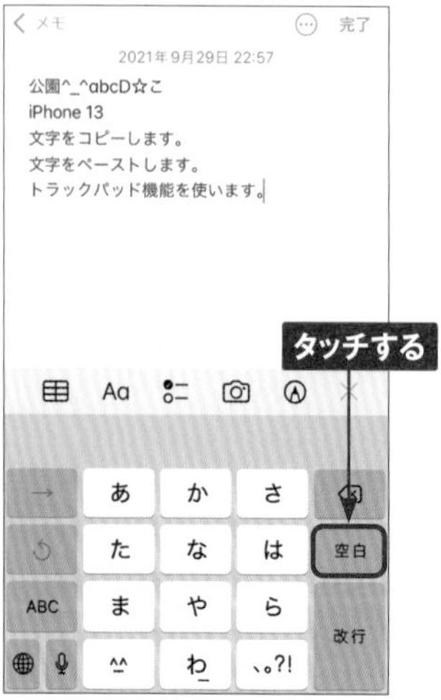

2 キーボードがライトグレーになり、カーソルが表示されます。指を離さずにドラッグすると、カーソルが連動して動きます。

3 カーソルを選択したい箇所まで移動させたら、そのまま指を離さずに、別の指でタップします。

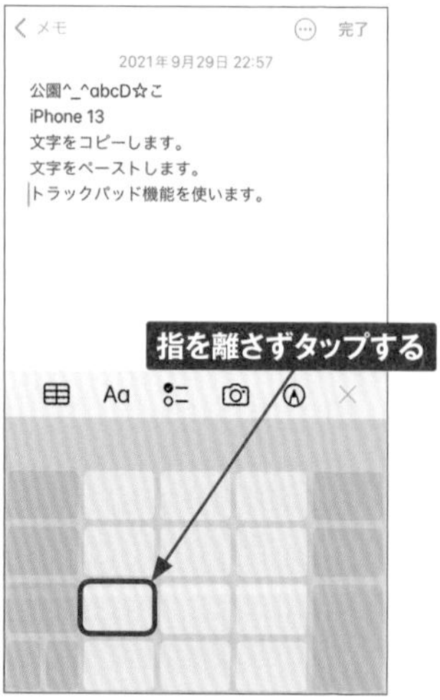

4 指を離さずにドラッグすると、選択できます。選択範囲をタップすると、P.39手順①の編集メニューが表示されます。

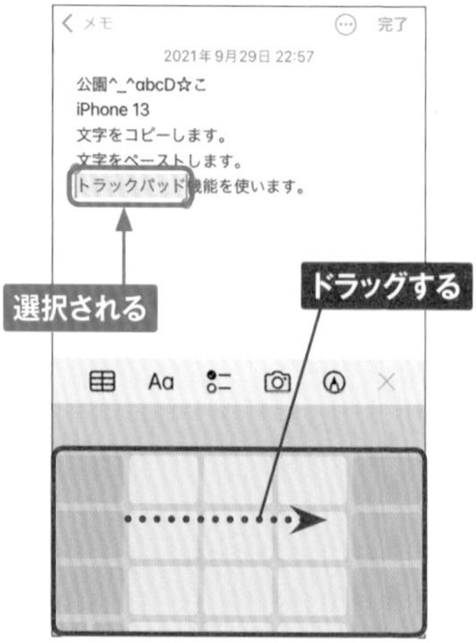

Chapter 2

電話機能を使う

Section 10

電話をかける・受ける

iPhoneで電話機能を使ってみましょう。通常の携帯電話と同じ感覚でキーパッドに電話番号を入力すると、電話の発信が可能です。着信時の操作は、1手順でかんたんに通話が開始できます。

キーパッドを使って電話をかける

① ホーム画面でをタップします。

② <電話>アプリが起動するので、<キーパッド>をタップします。

③ キーパッドの数字をタップして、電話番号を入力し、をタップします。

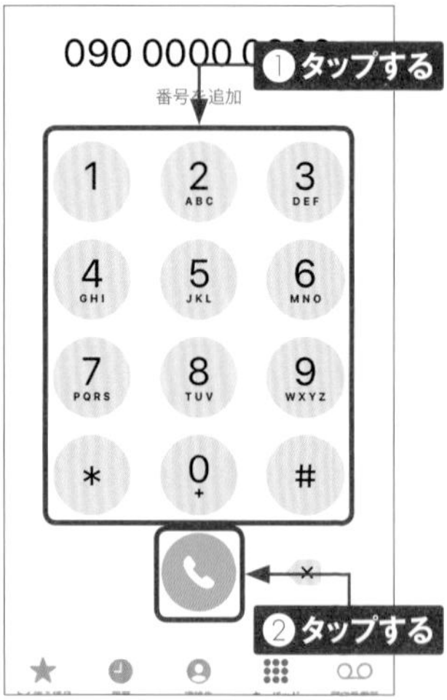

④ 相手が応答すると通話が開始されます。をタップすると、通話が終了します。

電話を受ける

① iPhoneの操作中に着信画面が表示されたら、をタップします（MEMO参照）。

② 通話が開始されます。通話を終える際、バナーが消えている場合はステータスバーをタップします。

③ をタップすると、通話が終了します。

④ 手順①でをタップすると、通話を拒否できます。

MEMO
ロック中に着信があった場合

iPhoneのロック中に着信があった場合、画面にスライダーが表示されます。を右方向にスライドすると、着信に応答できます。また、サイドボタンをすばやく2回押すと、通話を拒否できます。

2

発着信履歴を確認する

電話をかけ直すときは、発着信履歴から行うと手間をかけずに発信できます。また、発着信履歴の件数が多くなり過ぎた場合は、履歴を消去して整理しましょう。

発着信履歴を確認する

1 ホーム画面で をタップします。

2 <履歴>をタップします。

3 発着信履歴の一覧が表示されます。<不在着信>をタップします。

4 発着信履歴のうち不在着信の履歴のみが表示されます。<すべて>をタップすると、手順③の画面に戻ります。

発着信履歴から発信する

① P.44手順③で通話したい相手をタップします。

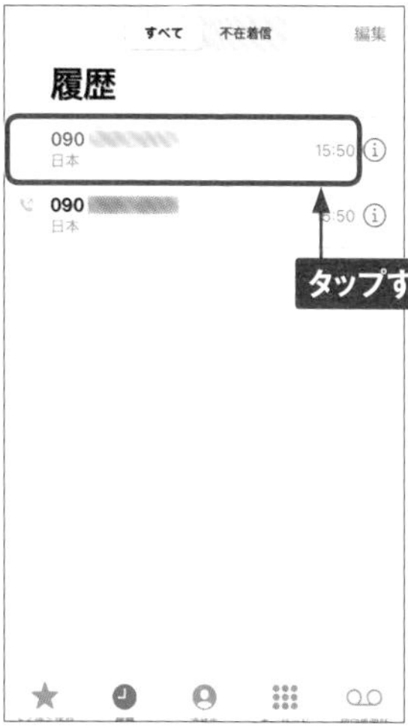

② 画面が切り替わり、発信が開始されます。

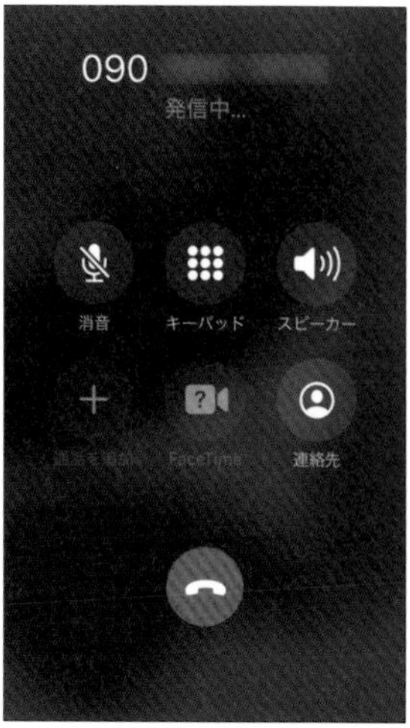

MEMO 発着信履歴を削除する

発着信履歴を削除するには、P.44手順③の画面を表示し、画面右上の＜編集＞をタップします。削除したい履歴の左側にある⊖をタップすると右側に＜削除＞が表示されるので、タップすると削除されます。また、すべての発着信履歴を削除するには、画面左上の＜消去＞をタップして、＜すべての履歴を消去＞をタップします。

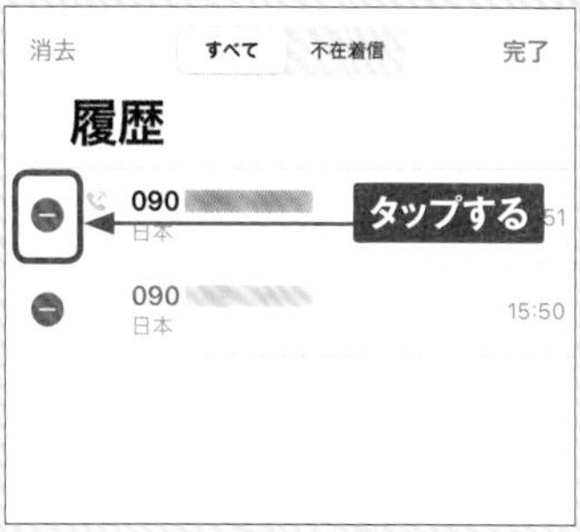

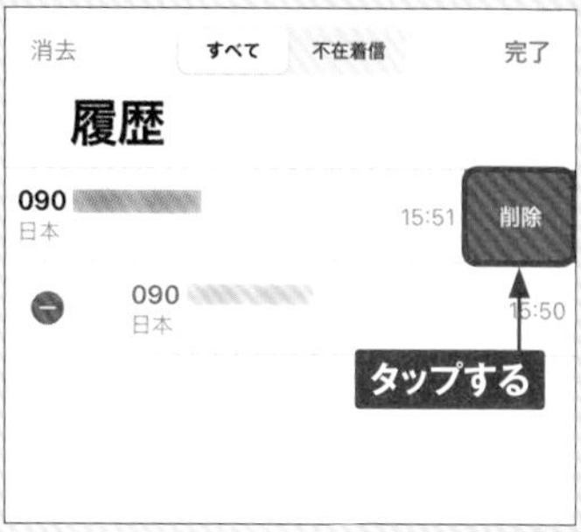

Section 12

連絡先を作成する

電話番号やメールアドレスなどの連絡先の情報を登録するには、＜電話＞アプリの「連絡先」を利用します。また、発着信履歴の電話番号をもとにして、連絡先を作成することも可能です。

連絡先を新規作成する

1 ホーム画面でをタップし、＜連絡先＞をタップしたら、＋をタップします。

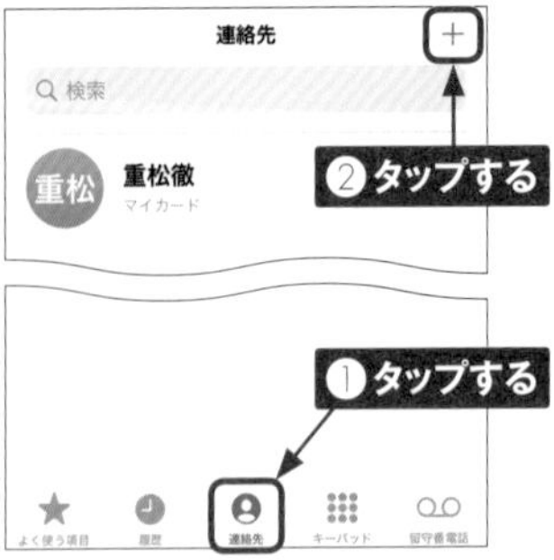

2 ＜姓＞をタップします。

3 登録したい相手の氏名やふりがなを入力し、＜電話を追加＞をタップします。

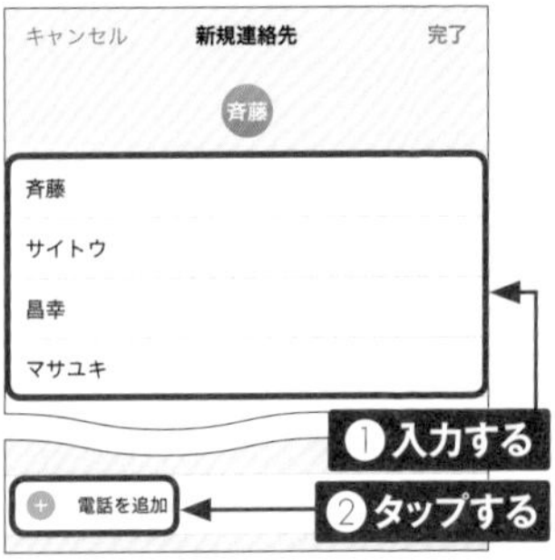

4 電話番号を入力します。電話番号のラベルを変更したい場合は、＜携帯電話＞をタップします。

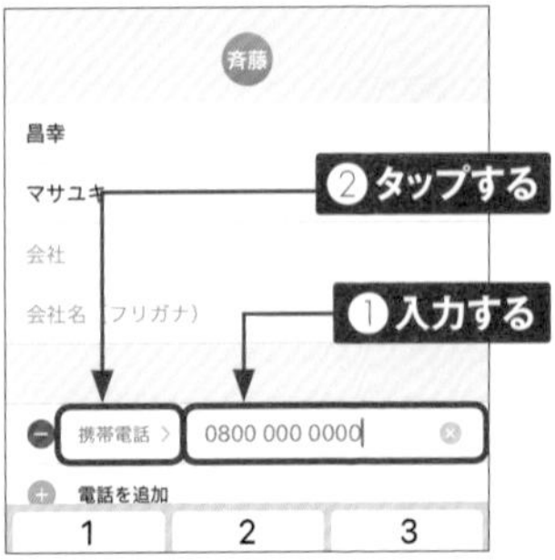

5 変更したいラベル名をタップして選択します。

6 ラベルが変更されました。メールアドレスを登録するには、<メールを追加>をタップして、メールアドレスを入力します。

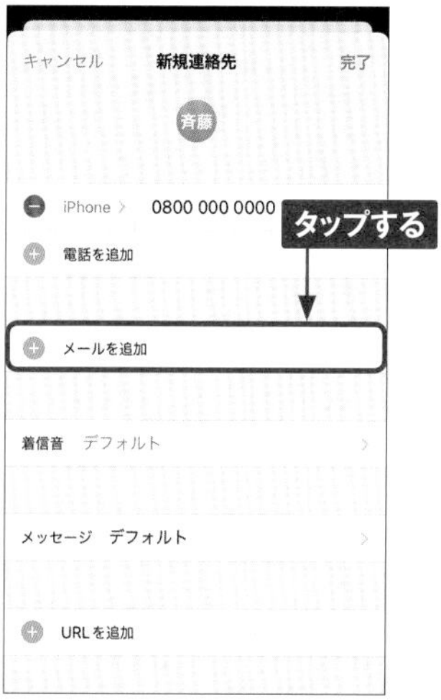

7 情報の入力が終わったら、<完了>をタップします。

MEMO

登録した連絡先に電話を発信する

登録した連絡先をタップすることで、すばやく発信することが可能です。P.46手順①を参考に「連絡先」画面を表示し、発信したい連絡先をタップして、電話番号をタップすると、電話を発信できます。

着信履歴から連絡先を作成する

1 P.44手順①〜②を参考に「履歴」画面を表示し、連絡先を作成したい電話番号の右にあるⓘをタップします。

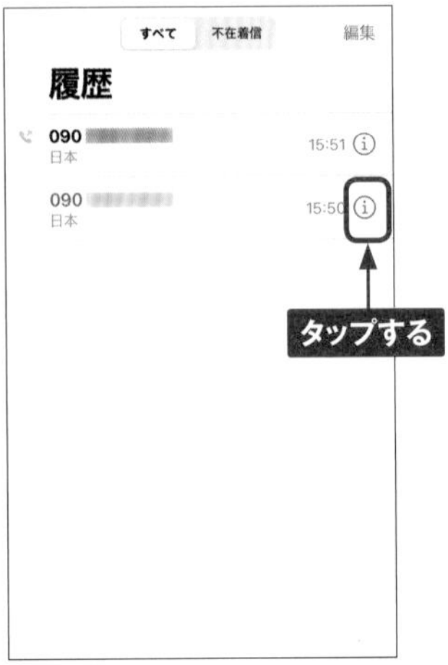

2 ＜新規連絡先を作成＞をタップします。

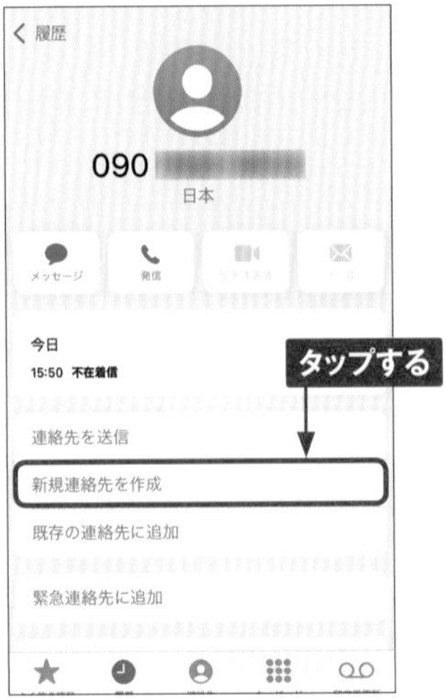

3 電話番号が入力された状態で「新規連絡先」画面が表示されます。P.46手順②〜P.47手順⑦を参考にして、連絡先を作成します。

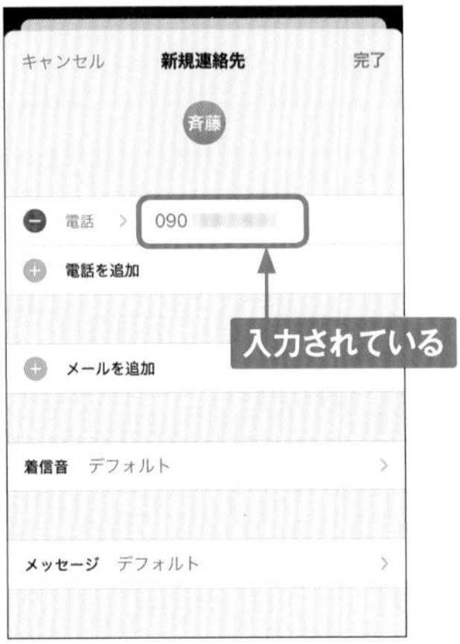

MEMO 連絡先を編集する

P.46手順①を参考に「連絡先」画面を表示し、編集したい連絡先をタップすると、連絡先の詳細画面が表示されます。画面右上の＜編集＞をタップして、編集したい項目をタップして情報を入力し、＜完了＞をタップすると編集完了です。

よく電話をかける連絡先を登録する

① P.48MEMOを参考に連絡先の詳細画面を表示し、<よく使う項目に追加>をタップします。

② 登録したいアクションをタップします。

③ 「電話」の中から登録したい電話番号をタップします。

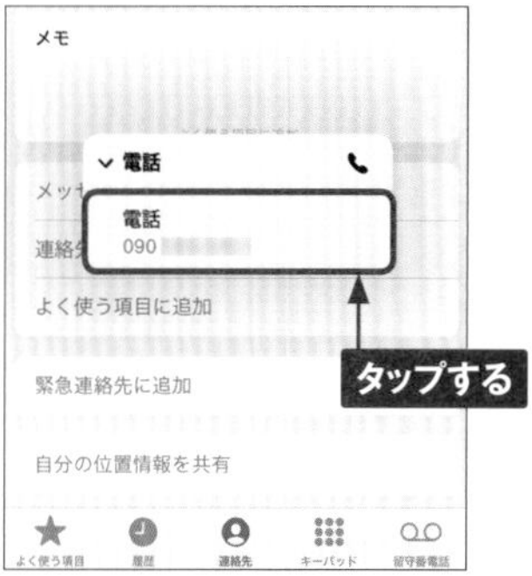

④ ホーム画面で→<よく使う項目>の順にタップし、目的の連絡先をタップするだけで、電話の発信ができるようになります。

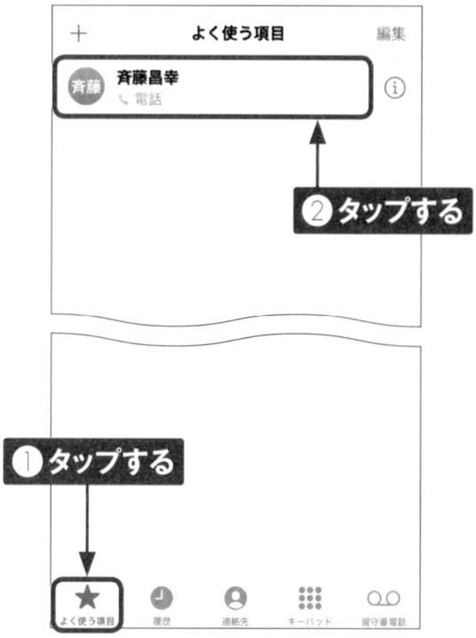

MEMO 連絡先を削除する

P.48MEMOを参考に連絡先の編集画面を表示して、画面を上方向にスワイプし、<連絡先を削除>をタップします。確認画面で<連絡先を削除>をタップすると、連絡先が削除されます。

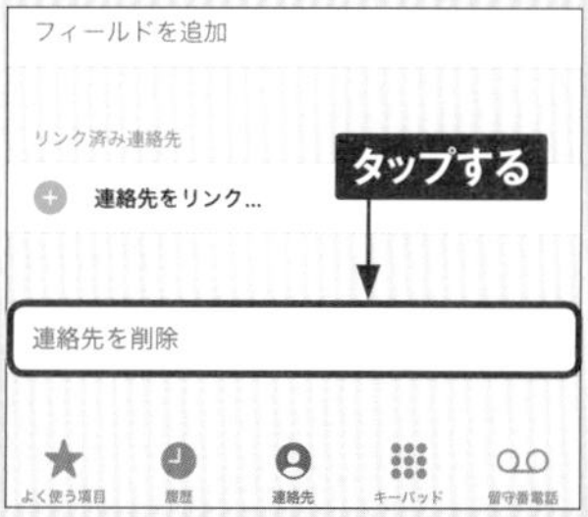

Section 13

着信拒否を設定する

iPhoneでは、着信拒否機能が利用できます。着信拒否が設定できるのは、発着信履歴のある相手か「連絡先」に登録済みの相手です。

履歴から着信拒否を登録・解除する

① P.44手順①〜②を参考に「履歴」画面を表示し、着信を拒否したい電話番号のⓘをタップします。

② <この発信者を着信拒否>をタップします。

③ <連絡先を着信拒否>をタップします。

④ 着信拒否設定が完了します。<この発信者の着信拒否設定を解除>をタップすると、着信拒否設定が解除されます。

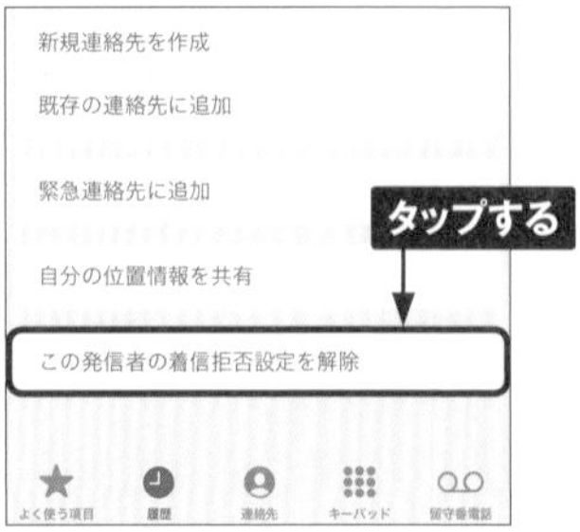

連絡先から着信拒否を登録・解除する

1 ホーム画面でをタップし、<連絡先>をタップします。着信を拒否したい連絡先をタップします。

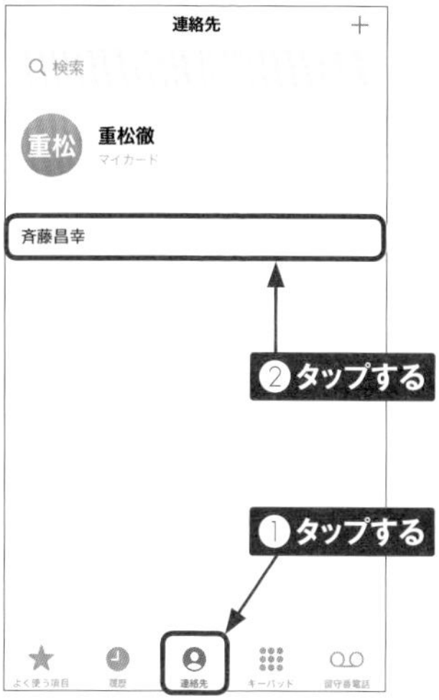

2 <この発信者を着信拒否>をタップします。

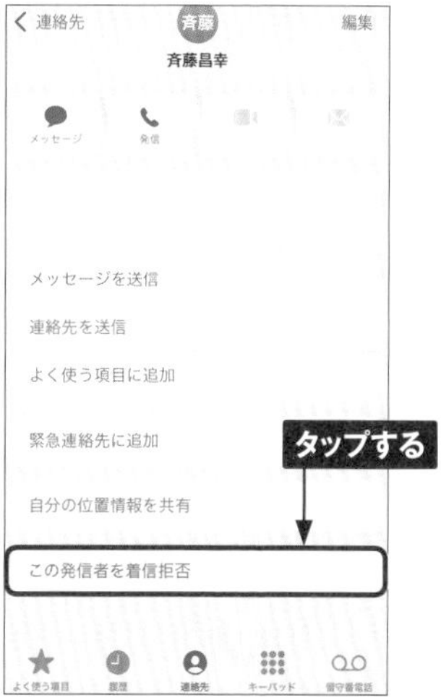

3 <連絡先を着信拒否>をタップします。

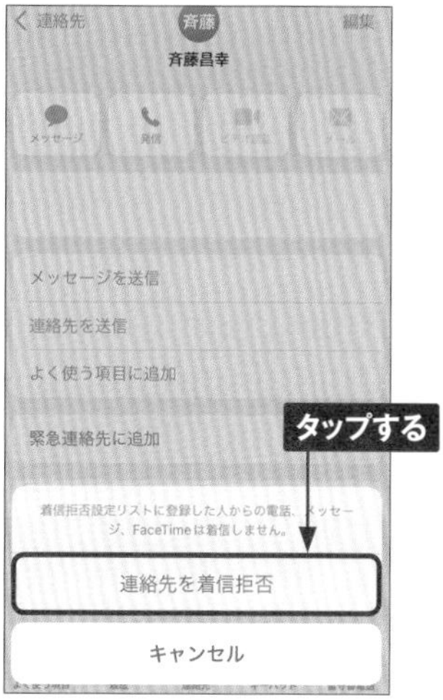

4 着信拒否設定が完了します。<この発信者の着信拒否設定を解除>をタップすると、着信拒否設定が解除されます。

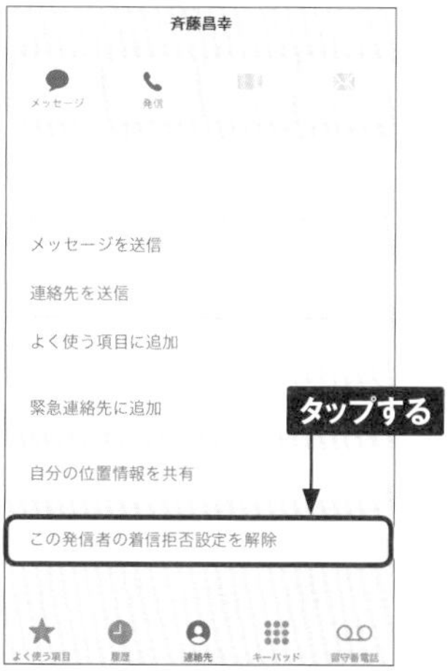

音量・着信音を変更する

着信音量と着信音は、＜設定＞アプリで変更できます。標準の着信音に飽きてきたら、＜設定＞アプリの「サウンドと触覚」画面から新しい着信音を設定してみましょう。

着信音量を調節する

① ホーム画面で＜設定＞をタップします。

② ＜サウンドと触覚＞をタップします。

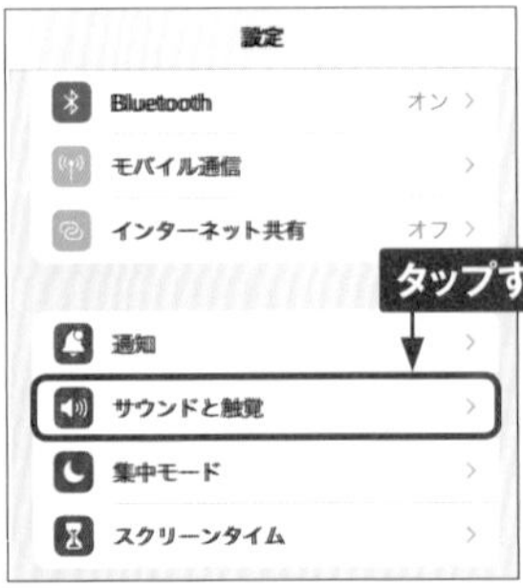

③ 「着信音と通知音」の を左右にドラッグし、音量を設定します。

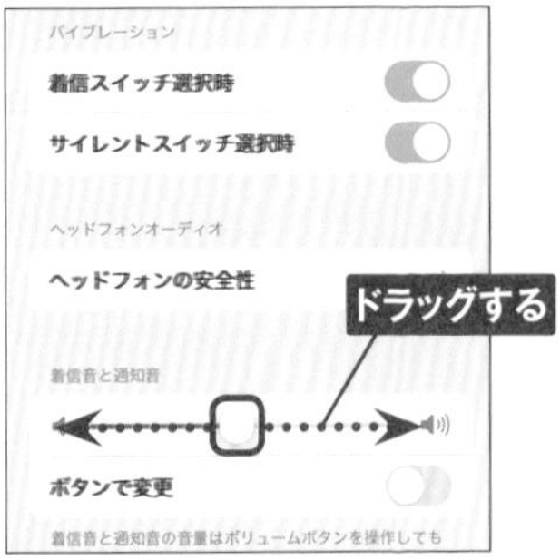

MEMO

通話音量を変更する

通話音量を変更したいときは、通話中に本体左側面の音量ボタンを押します。

好きな着信音に変更する

1 P.52手順①～②を参考に「サウンドと触覚」画面を表示し、<着信音>をタップします。

2 任意の項目をタップすると、着信音の再生が始まり、選択した項目が着信音に設定されます。<サウンドと触覚>をタップして、もとの画面に戻ります。

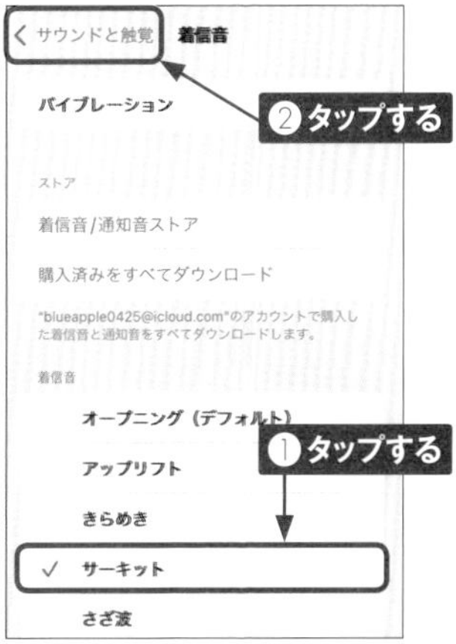

3 <メッセージ>をタップすると、メッセージ着信時の通知音を変更することができます。

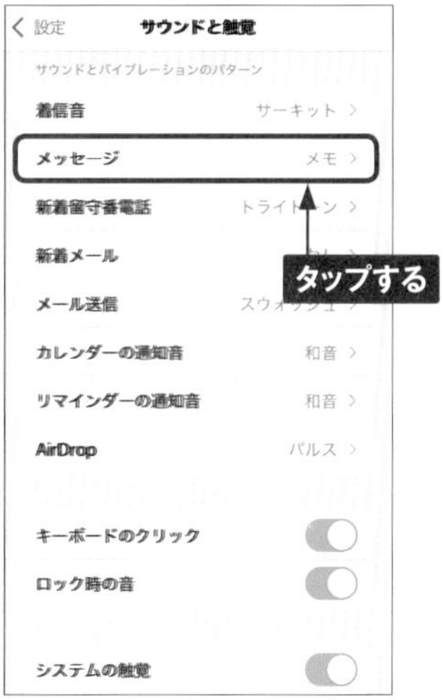

MEMO **着信音を購入する**

着信音は購入することもできます。手順②の画面で<着信音/通知音ストア>をタップすると、<iTunes Store>アプリが起動し、着信音の項目に移動します。なお、着信音の購入にはApple ID（Sec.15参照）が必要です。

消音モードをオンにする

① 本体左側面の着信／サイレントスイッチを切り替えて、赤い帯が見える状態にします。

② 消音モードがオンになり、着信音と通知音、そのほかのサウンド効果が鳴らなくなります。

③ 着信／サイレントスイッチを切り替え、赤い帯が見えない状態にすると、消音モードがオフになります。

MEMO コントロールセンターから設定を切り替える

画面を下端から上方向へスワイプしてコントロールセンターを表示し、をタップすると「機内モード」、をタップすると「おやすみモード」がオンになります。機内モード利用中は電話やインターネットなどのネットワーク機能がすべてオフになり、おやすみモード利用中は電話やメールの着信が通知されなくなります。

Chapter 3

基本設定を行う

Section 15

Apple IDを作成する

Apple IDを作成すると、App StoreやiCloudといったAppleが提供するさまざまなサービスが利用できます。ここでは、iCloudの初期設定を行いながら、Apple IDを作成する手順を紹介します。

Apple IDを作成する

① ホーム画面で<設定>をタップします。

② 「設定」画面が表示されるので、<iPhoneにサインイン>をタップします。「設定」画面が表示されない場合は、画面左上の<を何度かタップします。

③ <Apple IDをお持ちでないか忘れた場合>→<Apple IDを作成>の順にタップします。

MEMO すでにApple IDを持っている場合

iPhoneから機種変更した場合など、すでにApple IDを持っている場合は、手順③の画面で「Apple ID」と「パスワード」を入力して<サインイン>をタップし、P.59手順⑭以降へ進んでください。

4 「姓」と「名」を入力します。

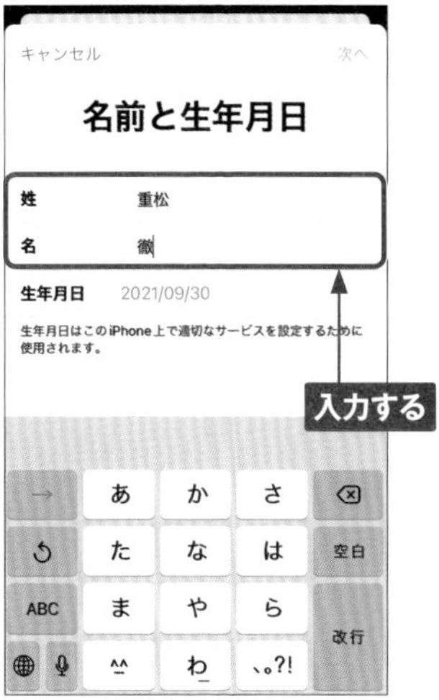

5 生年月日を上下にスワイプして設定し、<次へ>をタップします。

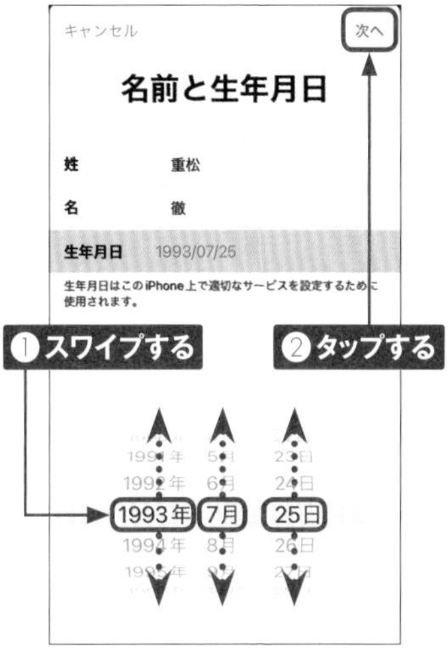

6 <メールアドレスを持っていない場合>をタップします。

7 <iCloudメールアドレスを入手する>をタップします。

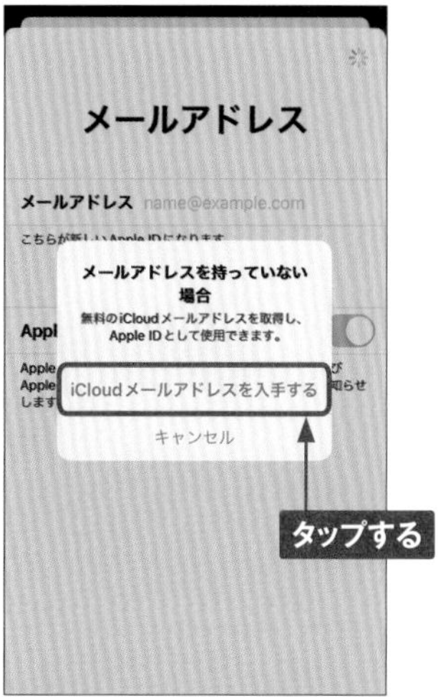

8 「メールアドレス」に希望するメールアドレスを入力し、<次へ>をタップします。なお、Appleから製品やサービスに関するメールが不要な場合は、「Appleからのニュースとお知らせ」のをタップしてにしておきます。

9 <メールアドレスを作成>をタップします。

10 「パスワード」と「確認」に同じパスワードを入力し、<次へ>をタップします。なお、入力したパスワードは、絶対に忘れないようにしましょう。

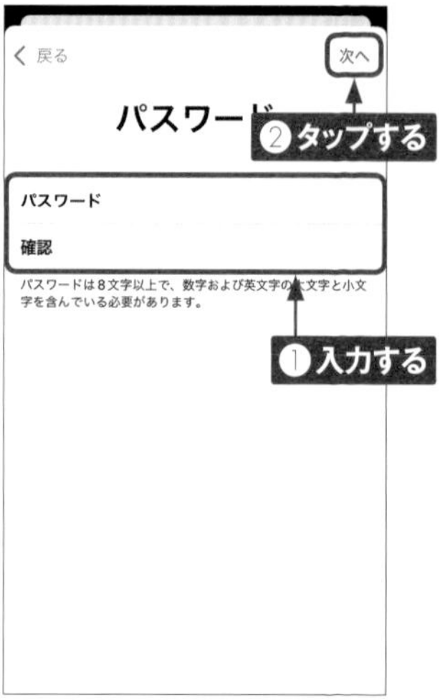

11 <続ける>をタップします。

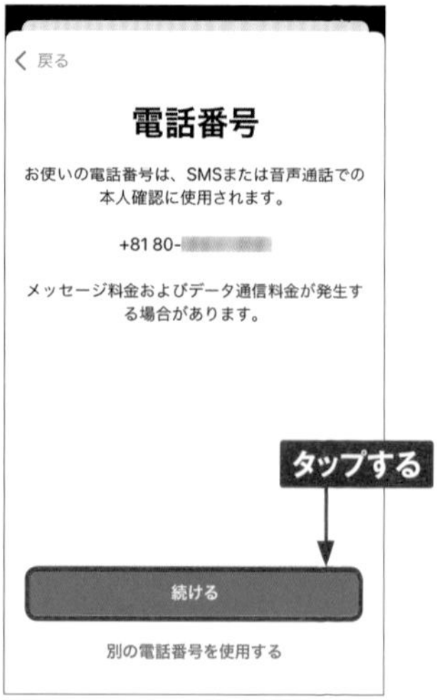

12 「利用規約」画面が表示されるので、内容をよく読みます。同意できたら＜同意する＞をタップします。

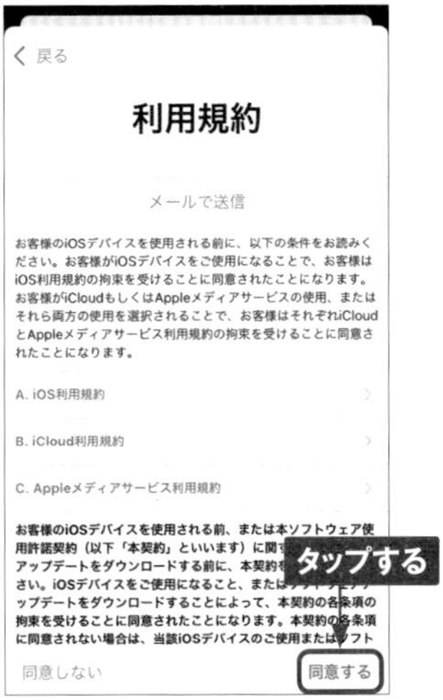
戻る
利用規約
メールで送信
お客様のiOSデバイスを使用される前に、以下の条件をお読みください。お客様がiOSデバイスをご使用になることで、お客様はiOS利用規約の拘束を受けることに同意されたことになります。お客様がiCloudもしくはAppleメディアサービスの使用、またはそれら両方の使用を選択されることで、お客様はそれぞれiCloudとAppleメディアサービス利用規約の拘束を受けることに同意されたことになります。
A. iOS利用規約
B. iCloud利用規約
C. Appleメディアサービス利用規約
お客様のiOSデバイスを使用される前、または本ソフトウェア使
ップデートをダウンロードすることによって、本契約の各条項の
拘束を受けることに同意されたことになります。本契約の各条項
に同意されない場合は、当該iOSデバイスのご使用またはソフト
同意しない
同意する
タップする

13 「利用規約」画面が表示されるので、＜同意する＞をタップします。

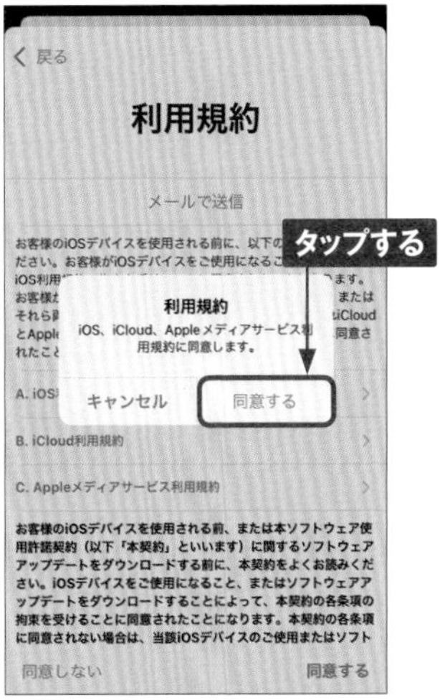
戻る
利用規約
メールで送信
利用規約
iOS、iCloud、Appleメディアサービス利用規約に同意します。
キャンセル
同意する
タップする
B. iCloud利用規約
C. Appleメディアサービス利用規約
お客様のiOSデバイスを使用される前、または本ソフトウェア使用許諾契約（以下「本契約」といいます）に関するソフトウェアアップデートをダウンロードする前に、本契約をよくお読みください。iOSデバイスをご使用になること、またはソフトウェアアップデートをダウンロードすることによって、本契約の各条項の拘束を受けることに同意されたことになります。本契約の各条項に同意されない場合は、当該iOSデバイスのご使用またはソフト
同意しない
同意する

14 Apple IDが作成されます。パスコードを設定している場合は、パスコードを入力します。

キャンセル
iPhoneのパスコードを入力
このiPhoneのロック解除に使用するパスコードは、保存済みパスワードおよびiCloudに保存されたその他の機密データへのアクセスにも使用されます。
入力する

15 設定が完了します。

設定
Apple ID
重松徹
blueapple0426@icloud.com
名前、電話番号、メール
パスワードとセキュリティ
支払いと配送先
なし
iCloud
5 GB
メディアと購入
オフ
探す
ファミリー共有
詳しい情報
iPhone SE (2nd generation)

Section 16

Apple IDに支払い情報を登録する

iPhoneでアプリや音楽・動画を購入するには、Apple IDに支払い情報を設定します。支払い方法は、クレジットカード、キャリア決済（対応するキャリアやMVNOのみ）から選べます。

クレジットカードを登録する

① ホーム画面で<設定>をタップします。

② 自分の名前をタップします。

③ <支払いと配送先>をタップします。

④ <お支払い方法を追加>をタップします。

5 ＜クレジット／デビットカード＞をタップします。

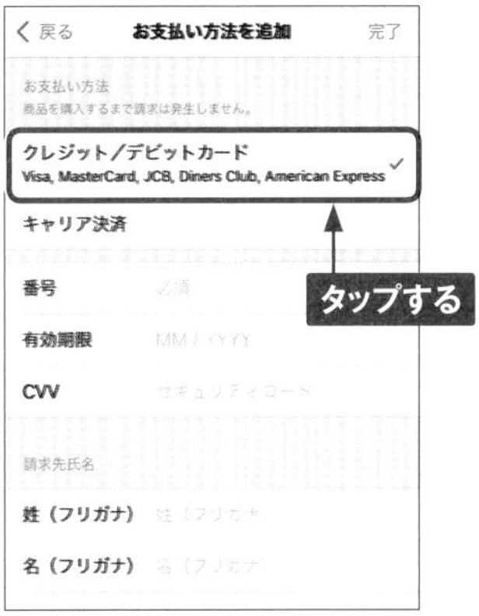

6 カード番号、有効期限、セキュリティコードを入力したら、画面を上方向にスワイプします。

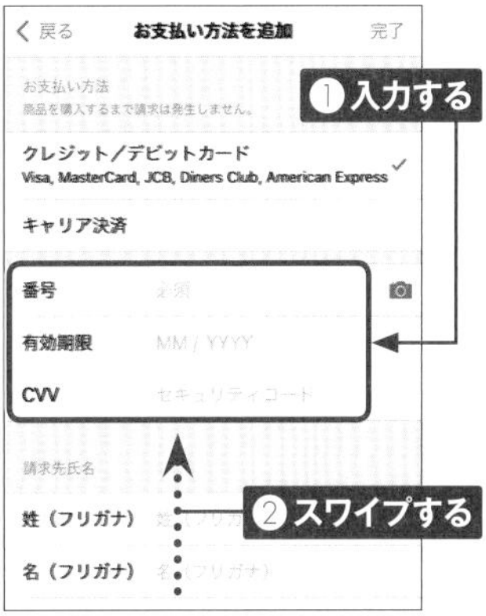

7 個人情報を入力します。

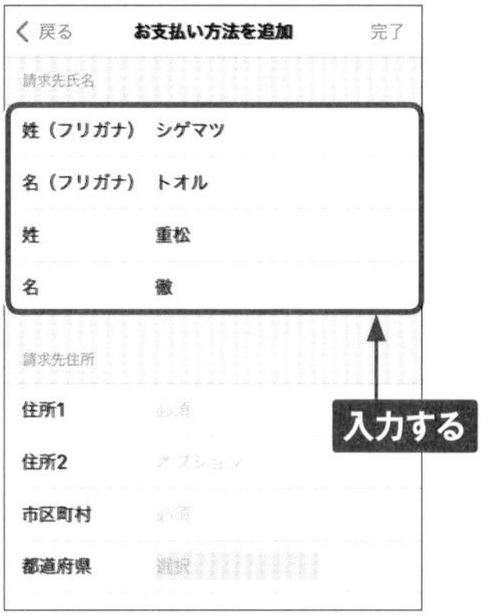

8 請求先住所を入力し、＜完了＞をタップします。

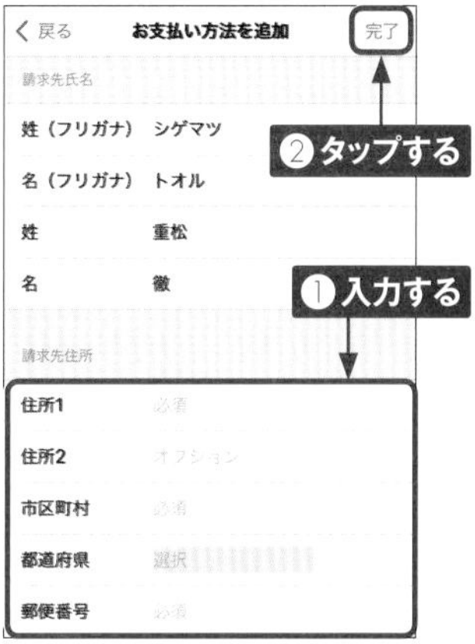

MEMO

App Store & iTunesギフトカードを利用するには

支払いにクレジットカードではなく、App Store & iTunesギフトカードを利用する場合は、ホーム画面で＜App Store＞をタップし、→＜ギフトカードまたはコードを使う＞の順にタップします。すると、カードのコードをカメラで読み取ってチャージすることができます。

Wi-Fiを利用する

Wi-Fi（無線LAN）を利用してインターネットに接続しましょう。ほとんどのWi-Fiにはパスワードが設定されているので、Wi-Fi接続前に必要な情報を用意しておきましょう。

Wi-Fiに接続する

① ホーム画面で＜設定＞→＜Wi-Fi＞の順にタップします。

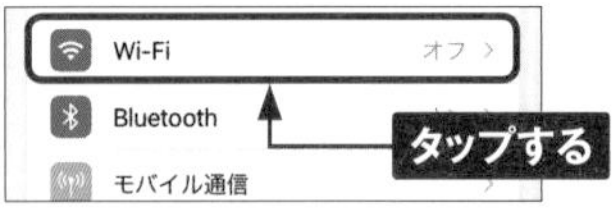

② 「Wi-Fi」をオンにし、利用するネットワークをタップします。

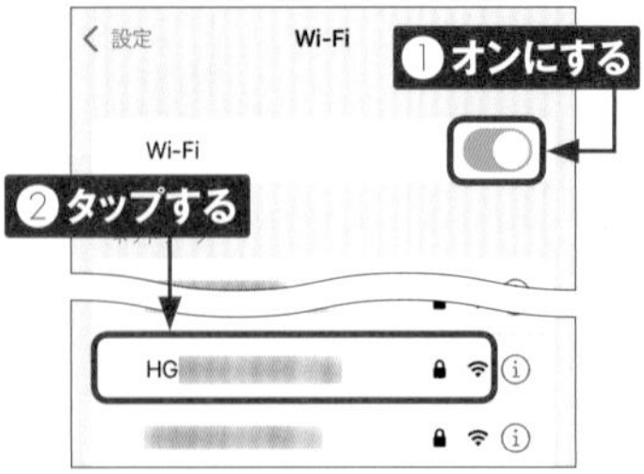

③ 接続に必要なパスワードを入力し、＜接続＞をタップします。

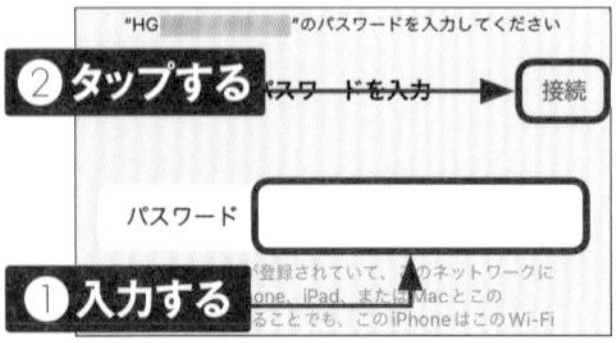

④ 接続に成功すると右上に📶が表示され、接続したネットワーク名に✓が表示されます。

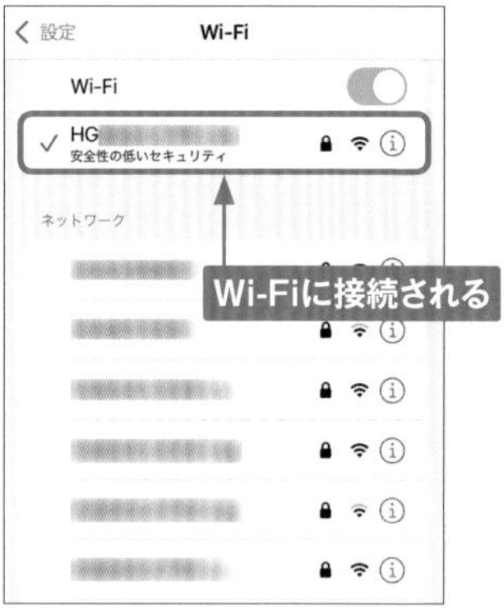

MEMO　無料のWi-Fiスポットに接続する

手順②の画面では、各キャリアやMVNOが提供する無料のWi-Fiスポットに接続することができます。詳しくは各キャリアやMVNOのWi-Fiスポットについてのwebページを参考にしてください。

手動でWi-Fiを設定する

1 P.62手順②で一覧に接続するネットワーク名が表示されないときは、＜その他＞をタップします。

2 ネットワーク名（SSID）を入力し、＜セキュリティ＞をタップします。

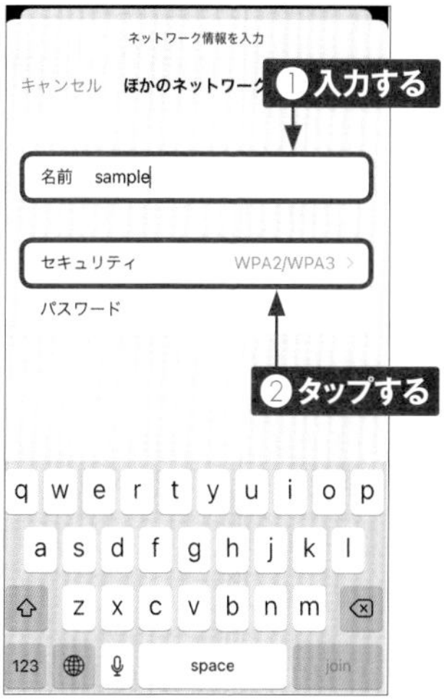

3 設定されているセキュリティの種類をタップして、＜戻る＞をタップします。

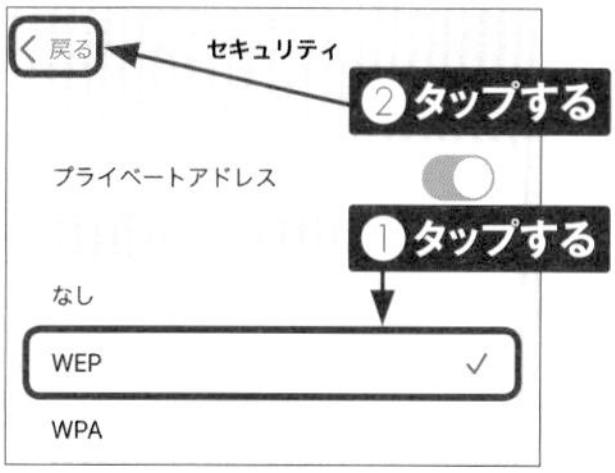

4 パスワードを入力し、＜接続＞をタップすると、Wi-Fiに接続されます。

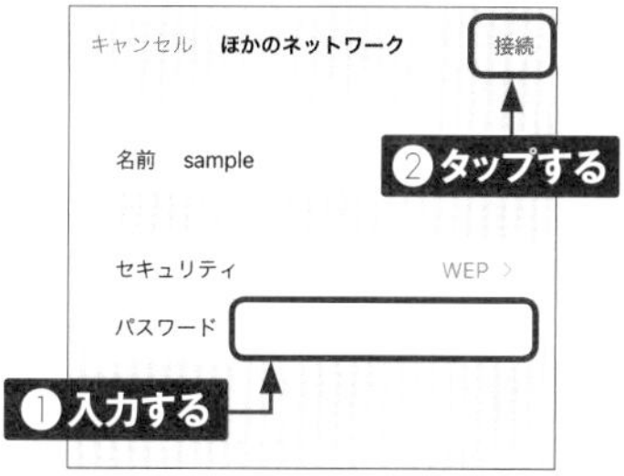

MEMO

Wi-Fiに接続できない場合

iOS 14から「プライベートアドレス」機能が導入されたため、MACアドレス認証などを行うWi-Fiに接続できないことがあります。その場合は、手順③の画面で「プライベートアドレス」をオフにしてみてください。なお、MACアドレスは＜設定＞アプリから＜一般＞→＜情報＞の「Wi-Fiアドレス」で確認できます。

MEMO アプリの位置情報

iPhoneでは、GPSやWi-Fiスポット、携帯電話の基地局などを利用して現在地の位置情報を取得することができます。その位置情報をアプリ内で利用するには、アプリごとに許可が必要です。iPhoneのロック解除時や、アプリの起動時や使用中に位置情報の利用を許可するかどうかの画面が表示された場合、＜Appの使用中は許可＞または＜1度だけ許可＞をタップすることで、そのアプリ内での位置情報の利用が可能となります。アプリによっては＜常に許可＞を選択できる場合もありますが、選択すると位置情報の利用確認のアラートが定期的に表示されるようになります。
位置情報を利用することで、Twitterで自分の現在地を知らせたり、Facebookで現在地のスポットを表示したりと、便利に活用することができますが、うっかり自宅の位置を送信してしまったり、知られたくない相手に自分の居場所が知られてしまったりすることもあります。注意して利用しましょう。
なお、アプリの位置情報の利用許可はあとから変更することもできます。ホーム画面から＜設定＞→＜プライバシー＞→＜位置情報サービス＞の順にタップするとアプリごとに設定を変更できるので、設定を見直しておくとよいでしょう。

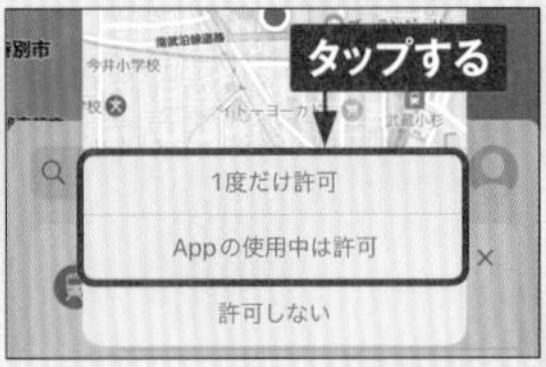

アプリ内で位置情報を求められた例です。＜Appの使用中は許可＞または＜1度だけ許可＞をタップすると、アプリ内で位置情報が利用できるようになります。

＜Twitter＞アプリの位置情報を許可した場合、新規ツイートを投稿する際に、位置情報がタグ付けできるようになります。

ホーム画面から＜設定＞→＜プライバシー＞→＜位置情報サービス＞の順にタップして、変更したいアプリをタップし、＜なし＞をタップすると、位置情報の利用をオフにできるほか、正確な位置情報をオフにするかどうかといった、より細かい設定も可能です（Sec.62参照）。

Chapter 4

メール機能を利用する

Section 18

iPhoneで利用できるメールの種類

iPhoneでは、SMSやiMessageが利用できます。また、PCメール、GmailやiCloudメールなどのWebメールも使えます。キャリアと契約した端末であればキャリアメールも利用できます。

iPhoneで使える5種類のメール

SMS／MMS

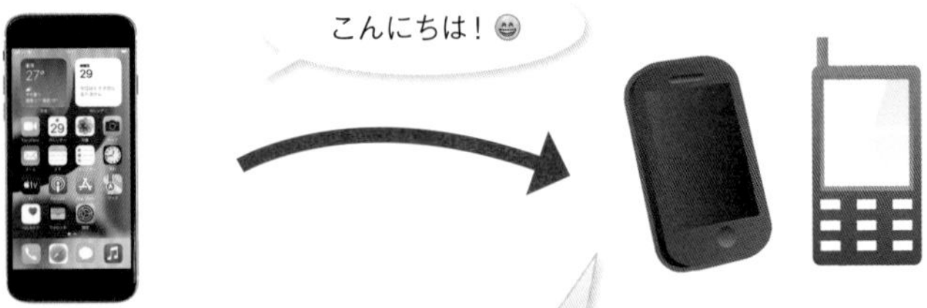

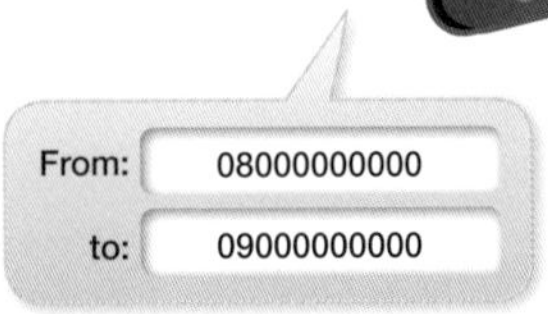

電話番号宛に送信できるメールです。他社携帯と送受信できるほか、絵文字も利用可能です。

iMessage

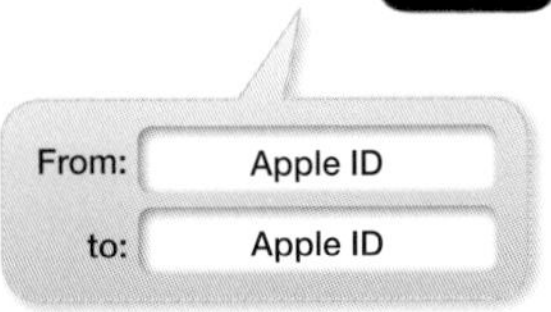

Apple IDとして設定したメールアドレスや電話番号にメールを送信できます。Apple製品どうしでのみ送受信可能です。

PCメール

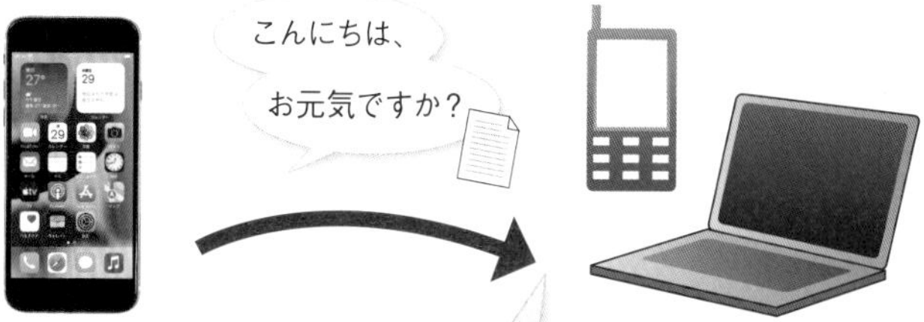

パソコンで使用しているメールです。複数のメールアカウントの登録も可能です。

Webメール

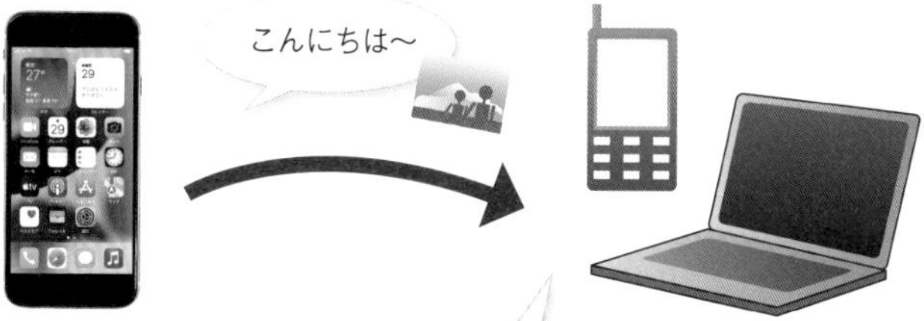

iCloud メールや Gmail といった Apple や Google などが提供する、Web メールサービスです。

キャリアメール

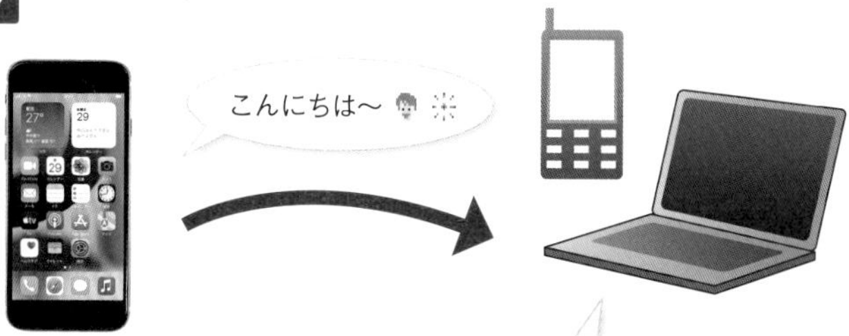

ドコモ、au、ソフトバンクといった各キャリアが提供するメールサービスです。格安 SIM の場合、事業者によってキャリアメールの提供方法が異なります。

Section 19

メッセージを利用する

Application

iPhoneの<メッセージ>アプリではSMSやiMessageといった多彩な方法でメッセージをやりとりすることができます。ここでは、それぞれの特徴と設定方法、利用方法を解説します。

<メッセージ>アプリで利用できるメール

SMS（Short Message Service）は、電話番号宛にメールの送受信ができるサービスです。1回の送信には別途通信料がかかります。

iMessageは、iPhoneの電話番号やApple IDとして設定したメールアドレス宛にメールを送受信できます。iMessageはiPhoneやiPad、iPod touchなどのApple製品との間でテキストのほか写真や動画などもやりとりすることができます。また、パケット料金は発生しますが（定額コースは無料）、それ以外の料金はかかりません。Wi-Fi経由でも利用できます。

<メッセージ>アプリは、両者を切り替えて使う必要はなく、連絡先に登録した内容によって、自動的にSMSとiMessageを使い分けてくれます。

●SMS ／ MMS

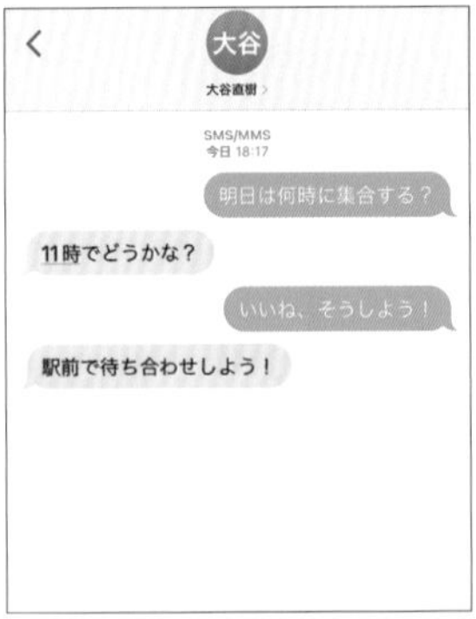
大谷
大谷直樹
SMS/MMS
今日 18:17
明日は何時に集合する？
11時でどうかな？
いいね、そうしよう！
駅前で待ち合わせしよう！

「宛先」に電話番号を入力するとSMSになります。テキストと絵文字が使え、異なるキャリア間での送受信ができます。なお、SMSの送信には別途料金がかかります。

●iMessage

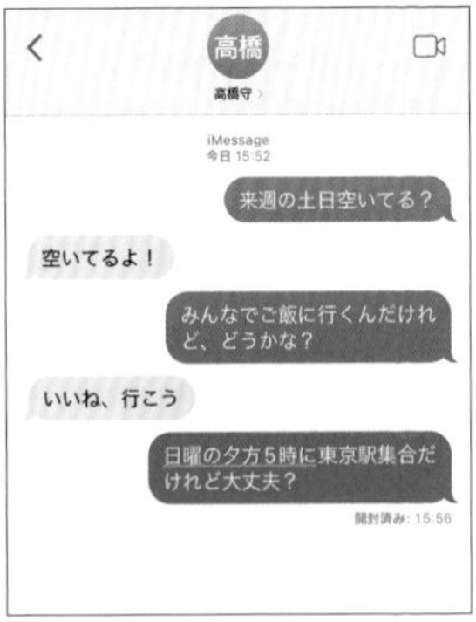
高橋
高橋守
iMessage
今日 15:52
来週の土日空いてる？
空いてるよ！
みんなでご飯に行くんだけれど、どうかな？
いいね、行こう
日曜の夕方5時に東京駅集合だけれど大丈夫？
開封済み: 15:56

「宛先」にiPhoneの電話番号やApple IDを入力するとiMessageになります。テキストや写真のほか、音声や位置情報の送信、視覚効果の追加などさまざまな機能が利用できます。

SMSのメッセージを送信する

1 ホーム画面でをタップします。初回は<OK>をタップします。

2 <メッセージ>アプリが起動するので、をタップします。

3 宛先に送信先の携帯電話番号を入力し、本文入力フィールドに本文を入力します。最後にをタップすると、SMSのメッセージが送信されます。

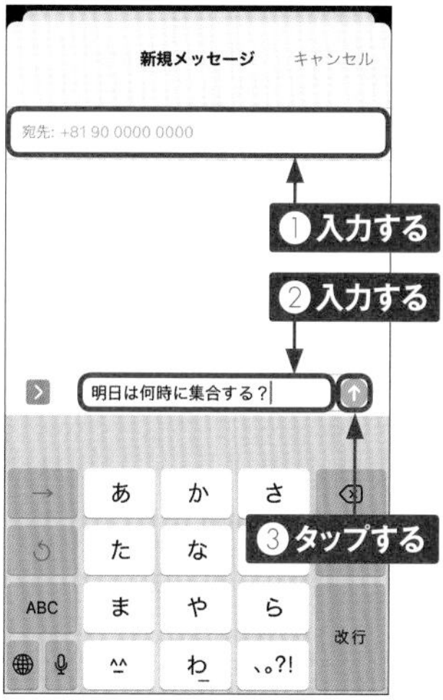

4 画面左上のくをタップします。

5 やりとりがメッセージや電話番号ごとに分かれて表示されています。

MEMO

SMSとiMessageの切り替え

SMSとiMessageの切り替え操作は必要ありません。入力した宛先によって自動的に判別され、手順③の入力フィールドに「SMS/MMS」または「iMessage」と表示されます。

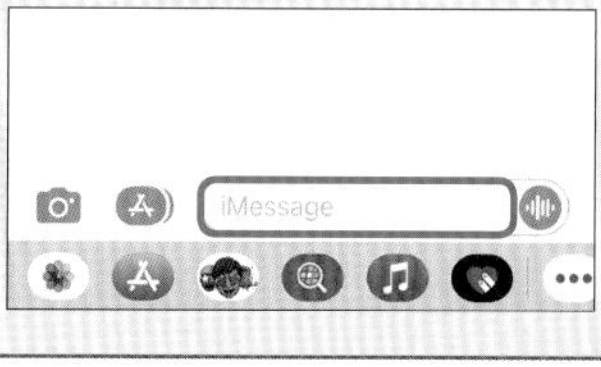

SMS ／ MMSのメッセージを受信する

① 画面にSMSの通知のバナーが表示されたら（通知設定による）、バナーをタップします。

② SMSのメッセージが表示されます。

③ 本文入力フィールドに返信内容を入力して、をタップすると、すぐに返信できます。

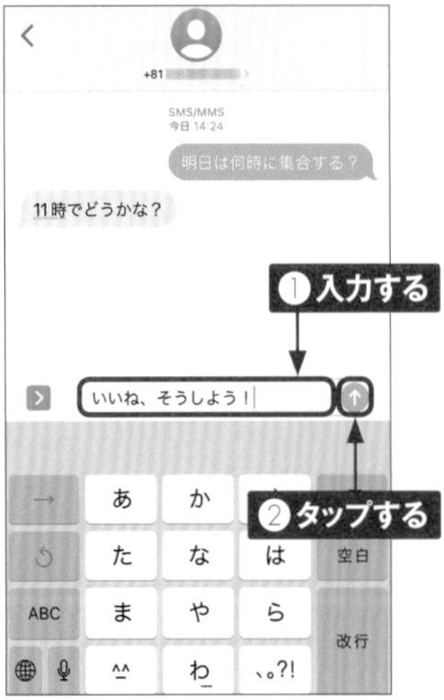

MEMO 画面ロック中に受信したとき

iPhoneがスリープ中にSMSのメッセージを受信すると、ロック画面に通知が表示されます。通知をタップすると、手順②の画面が表示されます。

iMessageを設定する

1 ホーム画面で＜設定＞をタップします。

2 ＜メッセージ＞をタップします。

3 「iMessage」が　であることを確認したら、＜送受信＞をタップします。

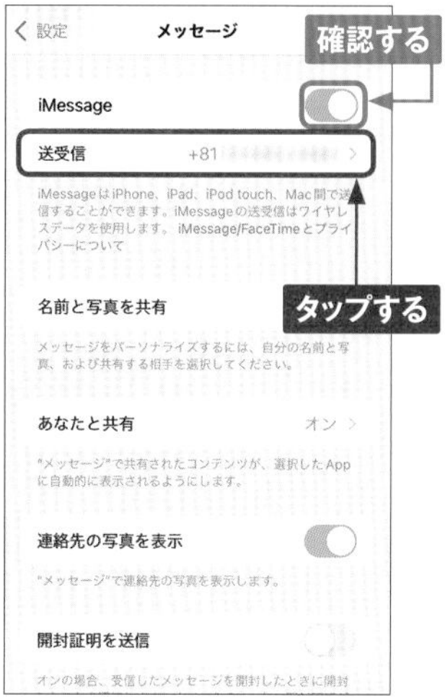

4 Sec.15の設定を行っていない場合は、＜iMessageにApple IDを使用＞をタップします。表示されていない場合は、以降の操作は必要ありません。

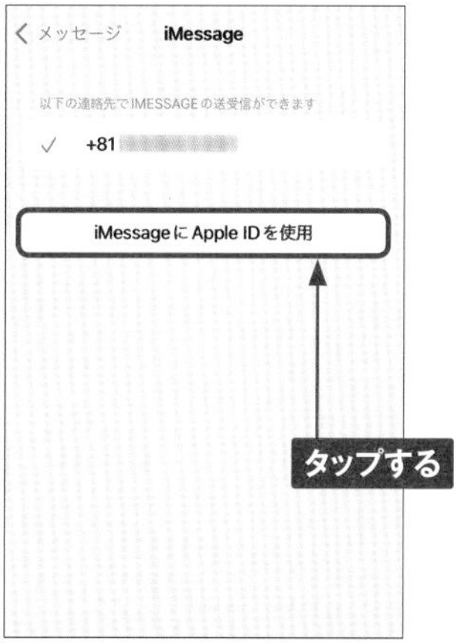

⑤ Apple IDとパスワードを入力して、＜サインイン＞をタップします。

⑥ 「以下の連絡先でIMESSAGEの送受信ができます」欄で、利用したい電話番号やメールアドレスをタップしてチェックを付けます。

⑦ 「新規チャットの発信元」内の連絡先(電話番号かメールアドレス)をタップしてチェックを付けると、その連絡先がiMessageの発信元になります。

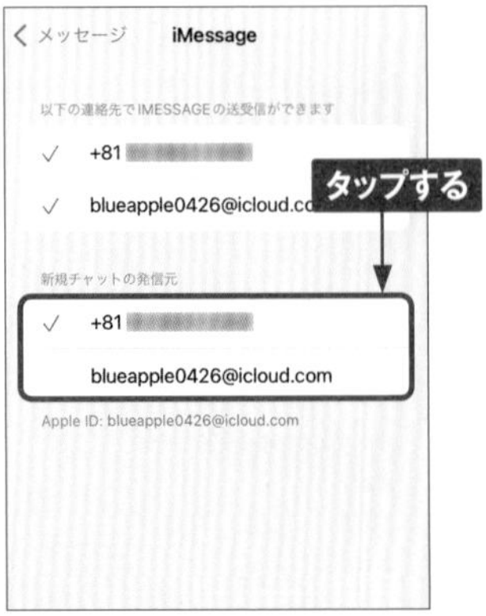

MEMO

別のメールアドレスを追加する

iMessageの着信用連絡先に別のメールアドレスを追加したい場合は、P.71手順②の画面で上部の自分の名前→＜名前、電話番号、メール＞→＜編集＞→＜メールまたは電話番号を追加＞→＜メールアドレスを追加＞の順にタップします。追加したいメールアドレスを入力し、キーボードの＜return＞をタップすれば、メールアドレスが追加されます。

4

iMessageを利用する

1 ホーム画面でをタップし、をタップします。

2 宛先に相手のiMessage受信用の電話番号やメールアドレスを入力し、本文入力フィールドをタップします。このときiMessageのやりとりが可能な相手の場合、本文入力フィールドに「iMessage」と表示されます。

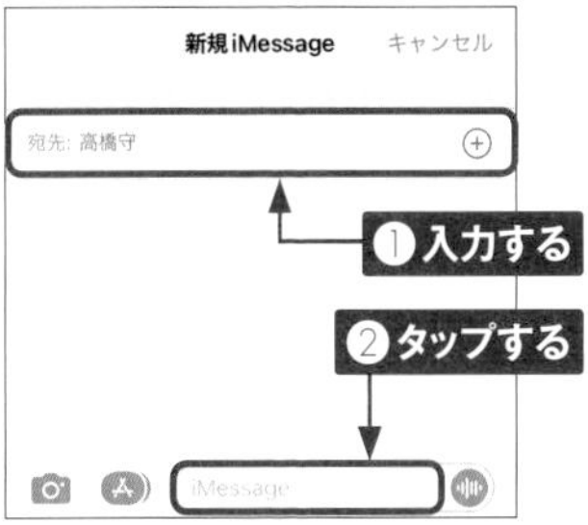

3 本文を入力し、をタップします。

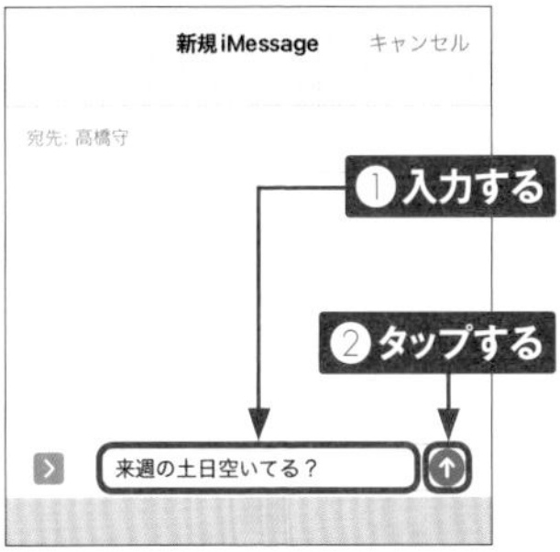

4 iMessageで送信されると、吹き出しが青く表示されます。また、相手がメッセージの入力をしていると、 が表示されます。

5 相手からの返信があると、同様に吹き出しで表示されます。

4

メッセージを削除する

1 P.69手順①を参考に＜メッセージ＞アプリを起動し、メッセージ一覧から、削除したい会話をタップします。

2 メッセージをタッチして、＜その他…＞をタップします。

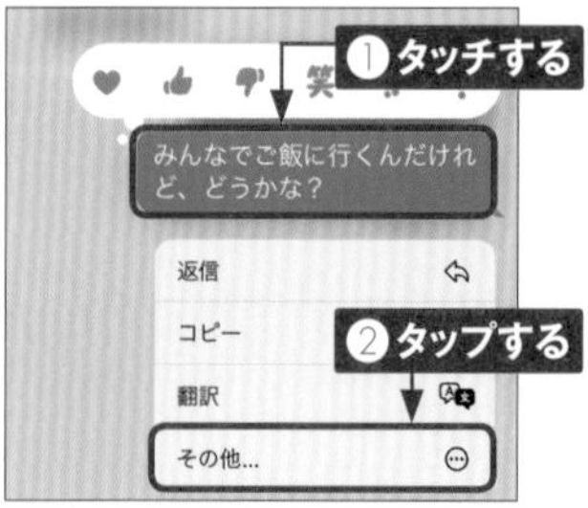

3 削除したいメッセージの◯をタップして✔にし、🗑をタップします。

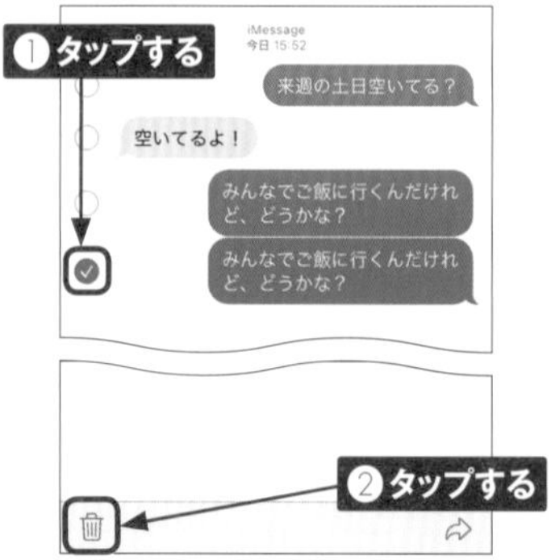

4 ＜メッセージを削除＞をタップします。

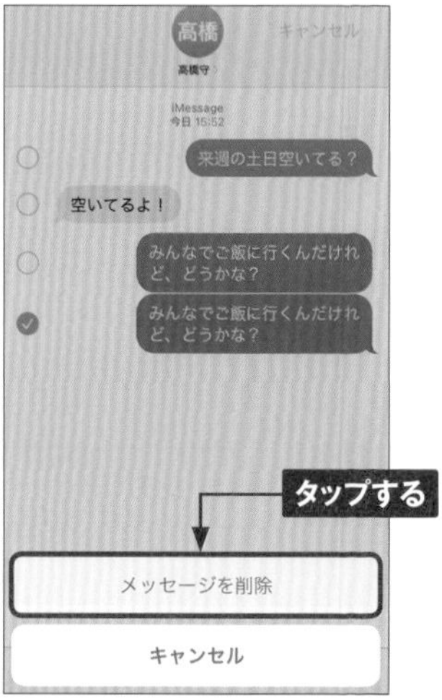

5 メッセージが削除されました。なお、この操作は自分のメッセージウィンドウから削除するだけのもので、相手には影響がありません。

4

メッセージを転送する

① P.74手順①を参考に転送したいメッセージがある会話をタップし、メッセージ画面を表示します。

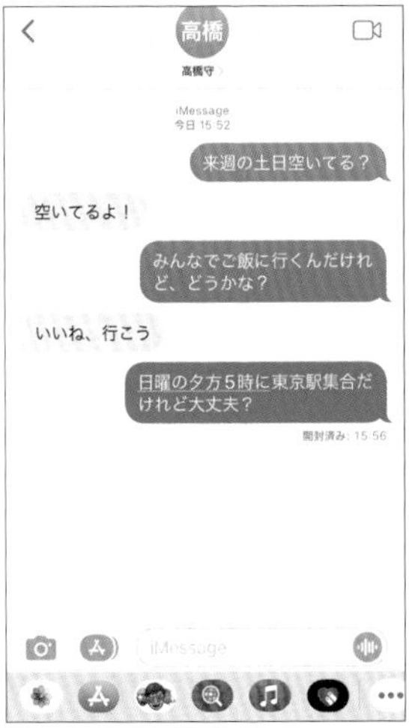

② 転送したいメッセージをタッチして、<その他...>をタップします。

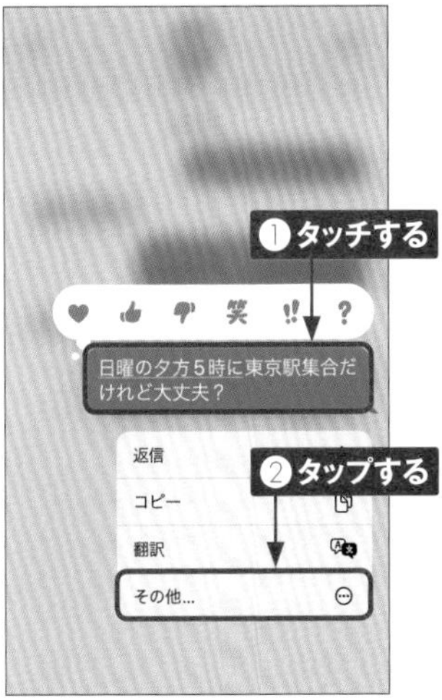

③ 転送したいメッセージの◯をタップして✓にし、➦をタップします。

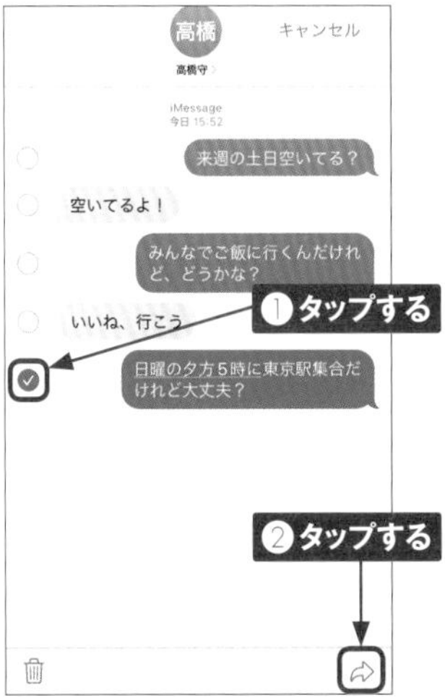

④ 宛先に転送先の電話番号やメールアドレスを入力します。さらに追加したいメッセージがあれば、本文入力フィールドに入力することもできます。最後に⬆をタップすると、転送されます。

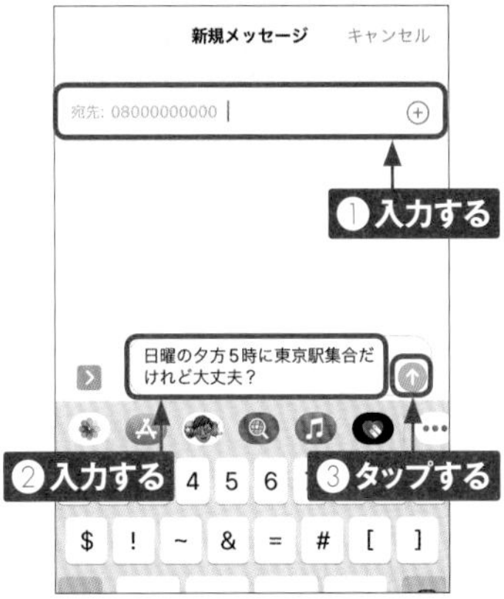

4

受信したメッセージから連絡先を新規作成する

① メッセージ一覧から、連絡先に登録したい会話のをタッチします。

② ＜新規連絡先を作成＞をタップします。

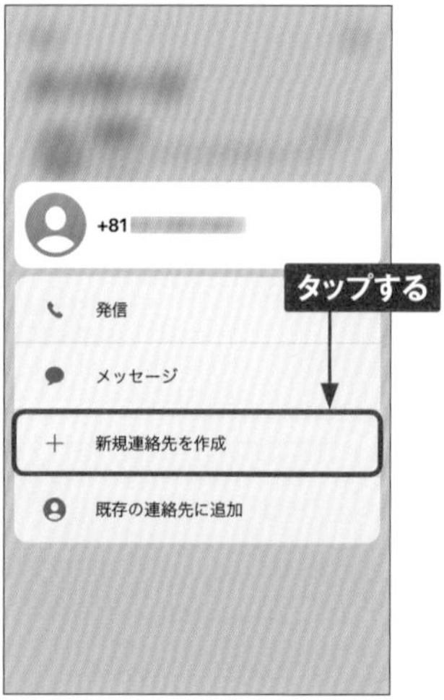

③ メールアドレスか電話番号があらかじめ入力された状態で「新規連絡先」画面が表示されます。P.46～47を参考に入力し、＜完了＞をタップすると登録完了です。

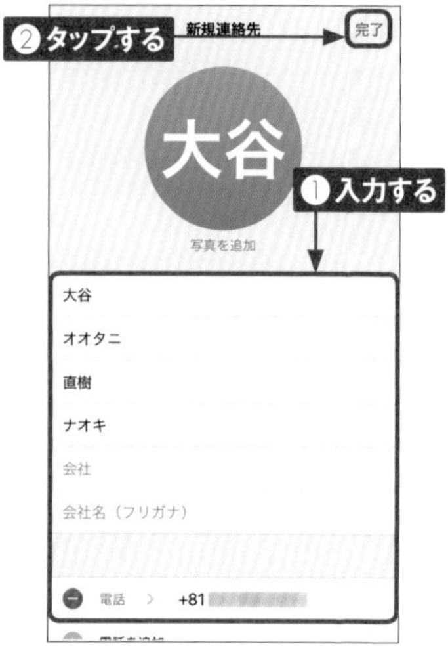

MEMO オプションメニューの項目

手順②で表示されるオプションメニューの項目は、連絡先に登録されている情報によって変わります。手順②～③の操作を行ったあとは、「新規連絡先を作成」のメニューは表示されなくなります。

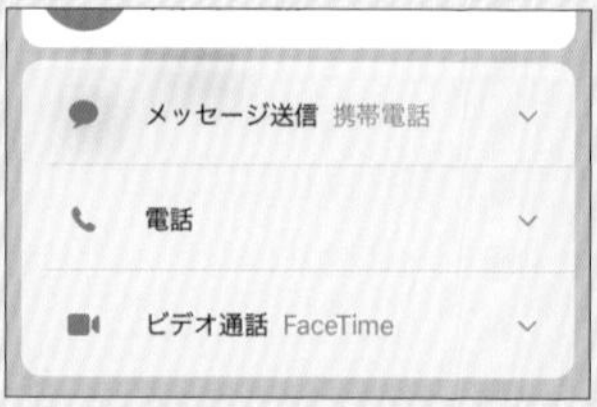

メッセージを検索する

① P.69手順①を参考に<メッセージ>アプリを起動し、画面を下方向にスワイプして、検索フィールドをタップします。

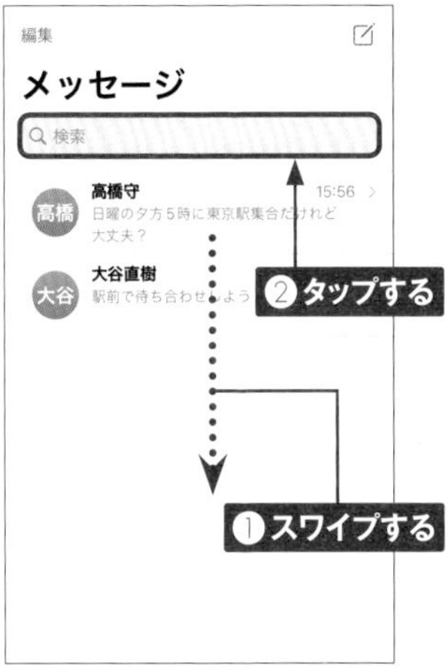

② 検索したい文字を入力して、<検索>をタップし、検索結果をタップします。

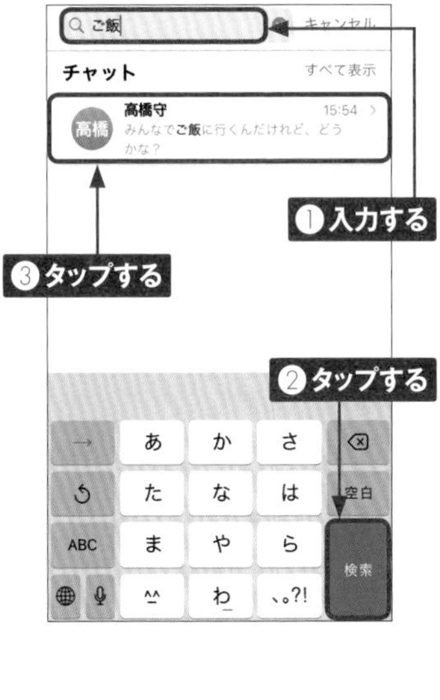

③ 検索した文字を含むメッセージが表示されます。

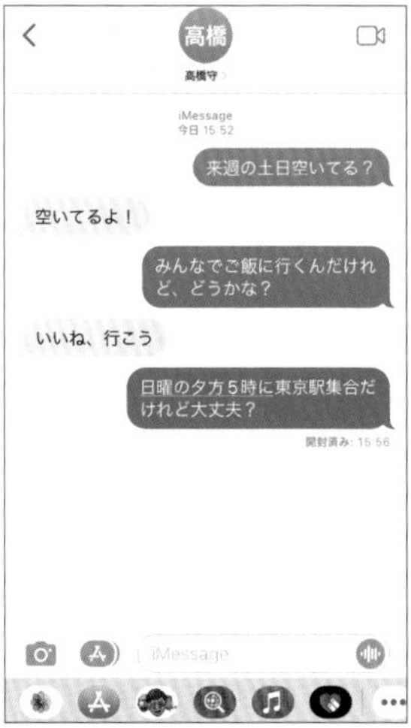

MEMO メッセージから予定を作成する

メッセージの中に時間や月日に関する言葉があるとき、下線が引かれることがあります。下線の引かれた言葉をタップし、<イベントを作成>をタップすると、カレンダーに予定を追加することができます。

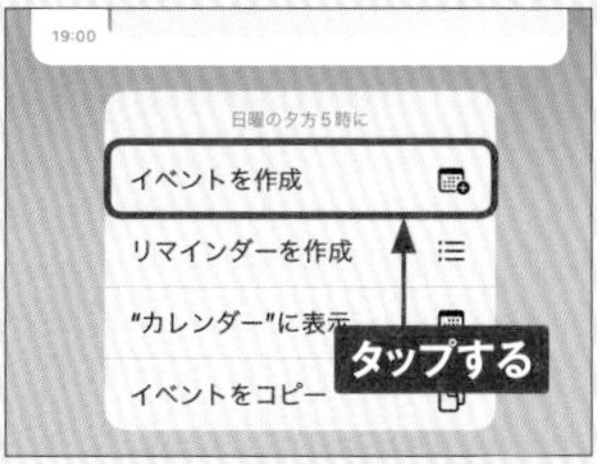

Section 20

iMessageの便利な機能を使う

<メッセージ>アプリでは、音声や位置情報をスムーズに送信できる便利な機能が利用できます。なお、それらの機能を利用できるのは、iMessageが利用可能な相手のみとなります。

音声をメッセージで送信する

① <メッセージ>アプリでiMessageを利用中に、をタッチします。

② 音声の録音が開始されます。画面をタッチしている間、録音されます。録音が完了したら指を離します。

③ 音声をそのまま送信する場合は、をタップします。をタップすると、録音したメッセージが再生されます。をタップすると、キャンセルできます。

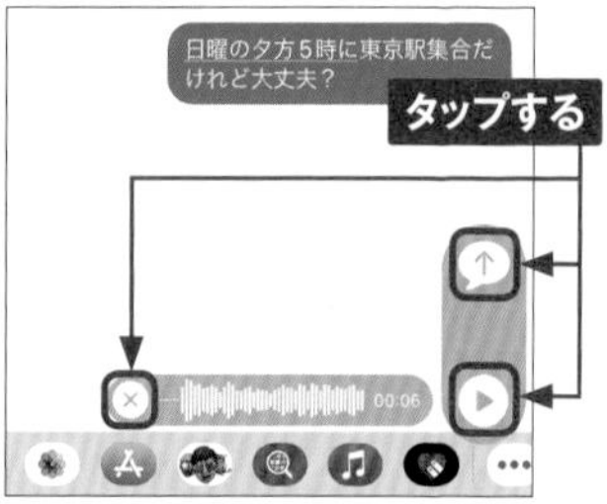

④ 音声が送信されます。

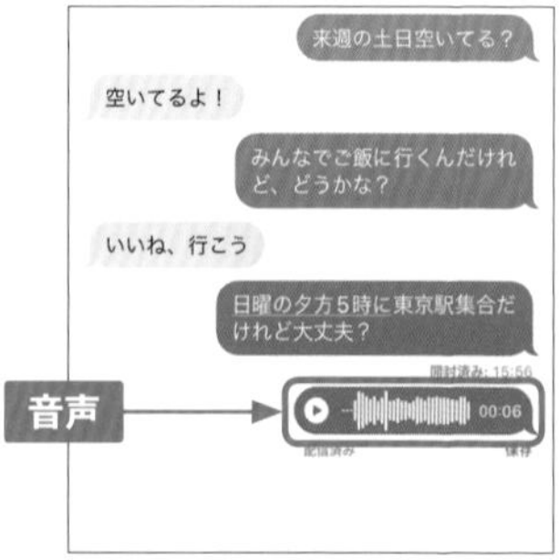

位置情報をメッセージで送信する

① ＜メッセージ＞アプリでiMessageを利用中に、相手の名前をタップします。

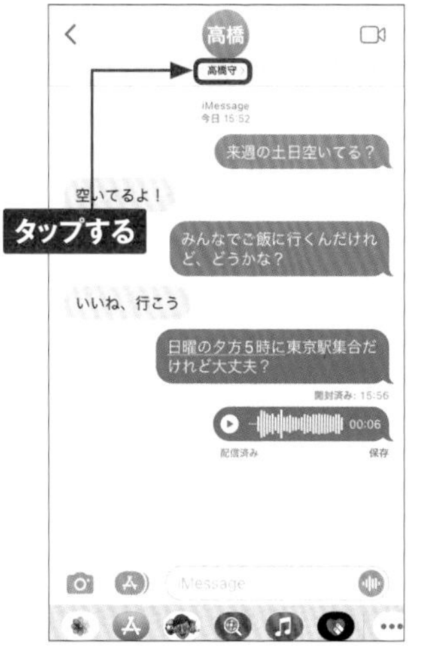

② ＜現在地を送信＞をタップします。位置情報に関する項目が表示されたら＜Appの使用中は許可＞をタップして、＜メッセージ＞アプリの使用許可を行います。

③ 位置情報が送信されます。タップすると「現在地」画面が表示され、さらに地図をタップすると、全画面で地図が表示されます。

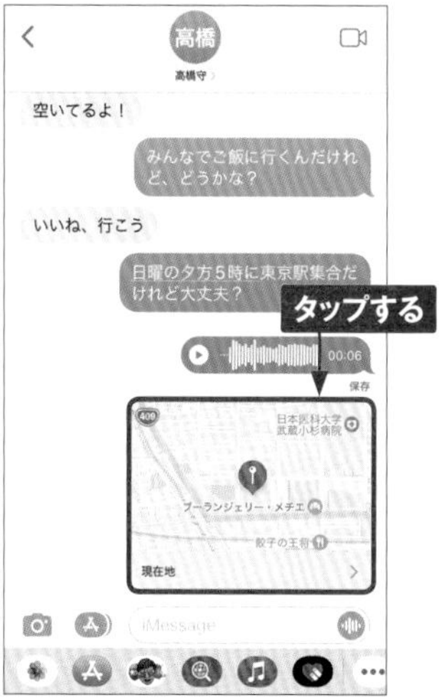

MEMO ＜メッセージ＞アプリで使える機能

手順①の画面でをタップすると、メッセージ内で使えるステッカーを探すことができます。をタップすると、スケッチやタップ、ハートビートなどを送信できます。をタップすると、GIF画像が表示され、メッセージに追加して送信できます。をタップすると、＜ミュージック＞アプリ内の曲を共有できます。なお、をタップすると、項目の並べ替えや削除ができます。

送信メッセージに視覚効果を加える

① P.69を参考にiMessageで送信するメッセージを入力します。入力が終わったら、⬆をタッチします。

② 「エフェクトをつけて送信」画面が表示され、4種類のエフェクトが選べるようになります。各エフェクト名の右の ● をタップすると、どのような視覚効果が発生するかを確認することができます。⬆をタップすると送信できます。

③ 手順②の画面で＜スクリーン＞をタップし、画面を左右にスワイプすると、スクリーン効果を選択できます。⬆をタップすると送信できます。

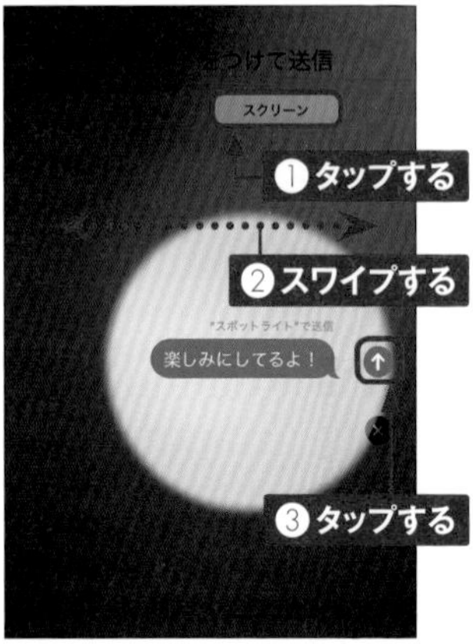

MEMO リアクションを送る

相手のメッセージにリアクションを送りたい場合は、相手のメッセージをタッチすると表示されるリアクションのアイコンをタップします。

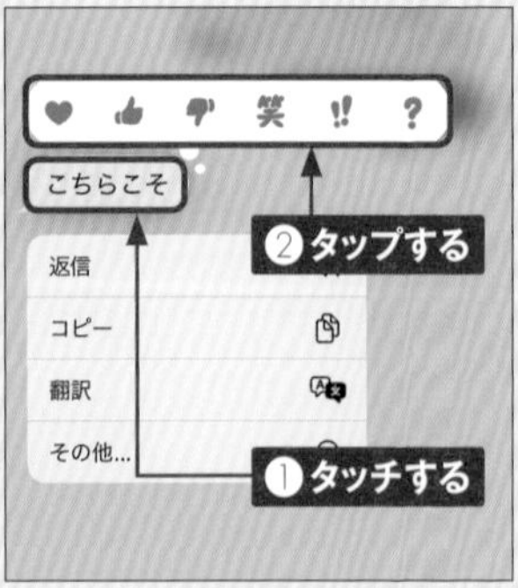

チャットをピン留めする

1 P.69手順①を参考に＜メッセージ＞アプリを起動し、＜編集＞をタップします。

2 ＜ピンを編集＞をタップします。

3 ピン留めしたいチャットを選択し、をタップします。

4 ＜完了＞をタップします。

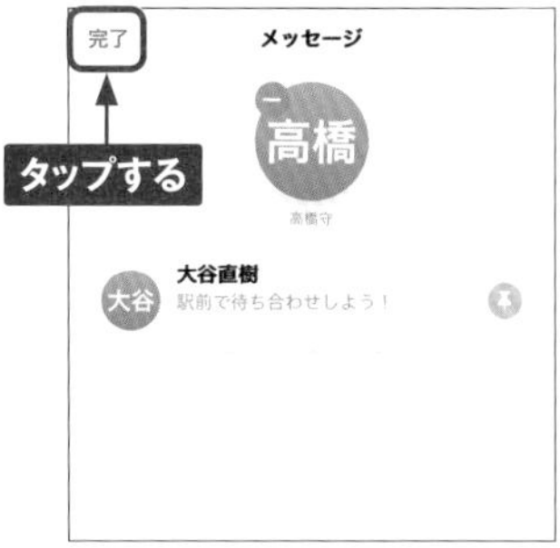

5 チャットがピン留めされ、リストの上部に固定されます。

4

グループiMessageを利用する

●グループiMessageを送受信する

① グループiMessageは、P.73手順②の画面で宛先に2人以上のiMessage受信用の電話番号やメールアドレスなどを入力して始めます。

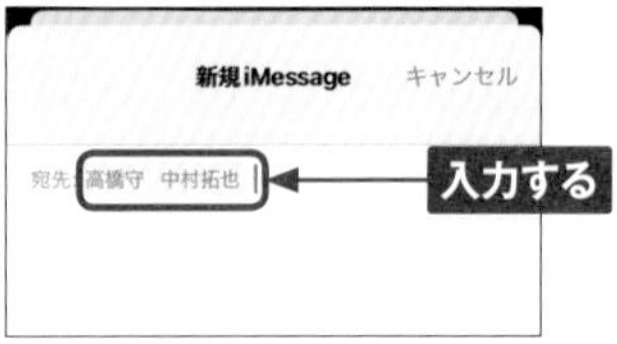

② グループiMessageでは、メッセージに名前を入力し、名前部分をタップしてアイコンをタップすると、メンションできます。

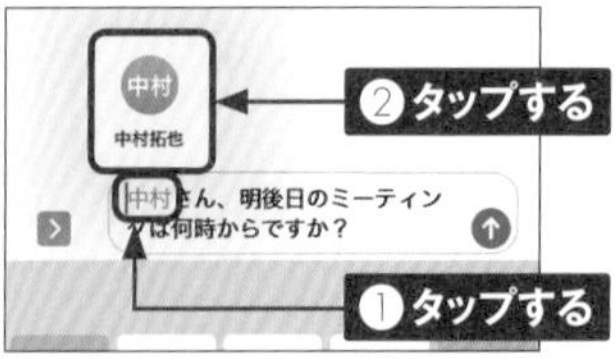

③ 特定のメッセージに返信したいときは、返信したいメッセージをタッチし、＜返信＞をタップして、返信メッセージを入力したらをタップして送信します。

●グループiMessageを編集する

① グループiMessageを利用中に画面上部の＜〇人＞→＜情報＞の順にタップし、＜名前と写真を変更＞をタップします。

② グループ名を入力し、グループ写真を変更したいときはをタップします。

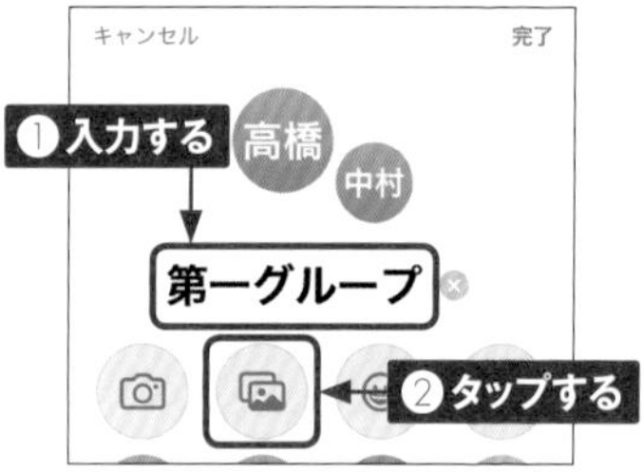

③ 写真をタップして選択し、＜選択＞→＜完了＞→＜完了＞→＜完了＞の順にタップします。

写真や動画をメッセージに添付する

1 P.69を参考にiMessageを入力します。入力が終わったら、→の順にタップします。

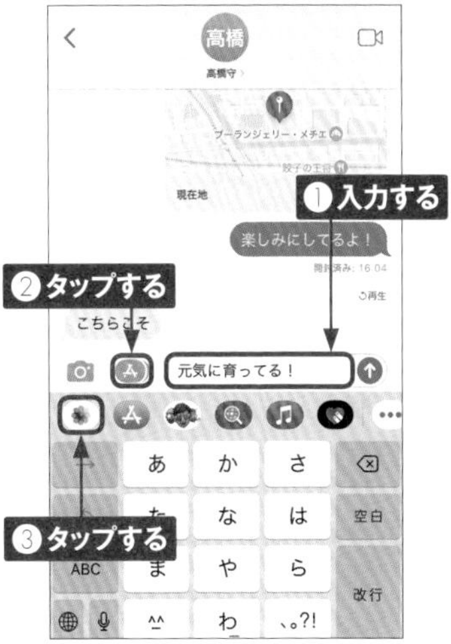

2 添付する写真や動画をスワイプして選択し、タップします。添付が完了すると、メッセージ欄にプレビューが表示されます。をタップして、メッセージを送信します。

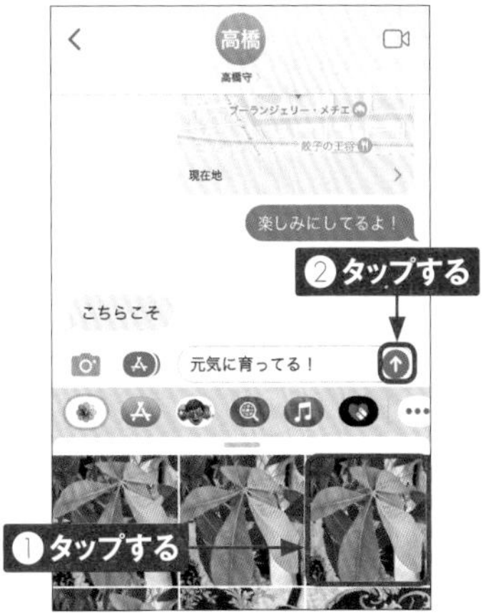

3 送信が完了すると、メッセージの下に「配信済み」と表示されます。

MEMO **複数の写真をまとめて見る**

iMessageで4枚以上の写真が同時に送られてくると、1つにグループ化され、左右にスワイプすることでそれぞれの写真を閲覧できます。→<写真を保存>の順にタップすると、写真をiPhone内に保存できます。

4

ミー文字を送信する

① ＜メッセージ＞アプリでiMessageを利用中に、をタップします。

② をタップします。初回は＜はじめよう＞をタップします。

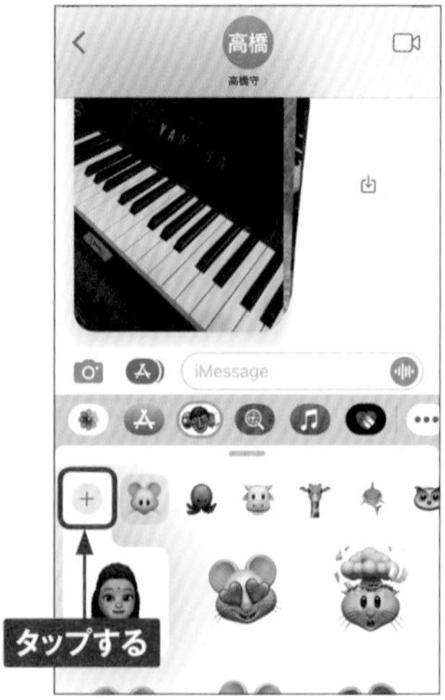

③ 画面上部のプレビューを確認しながら、肌の色や種類を選択します。上方向にスワイプすると、そばかすの有無やほくろの位置など、それぞれ変更が可能です。

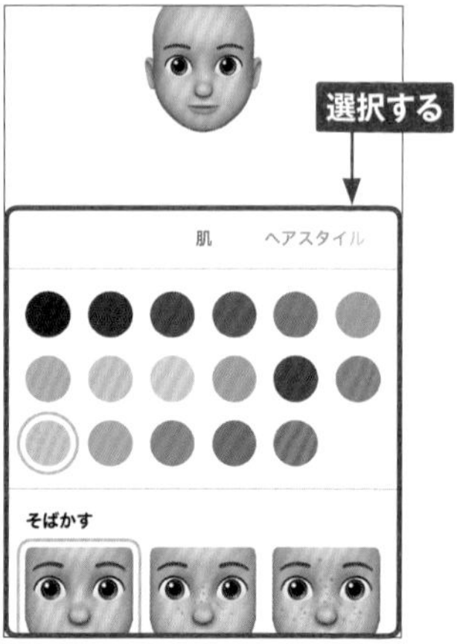

④ ＜ヘアスタイル＞をタップすると、髪型を変更することができます。そのほかのパーツを変更するには、さらに左方向にスワイプします。

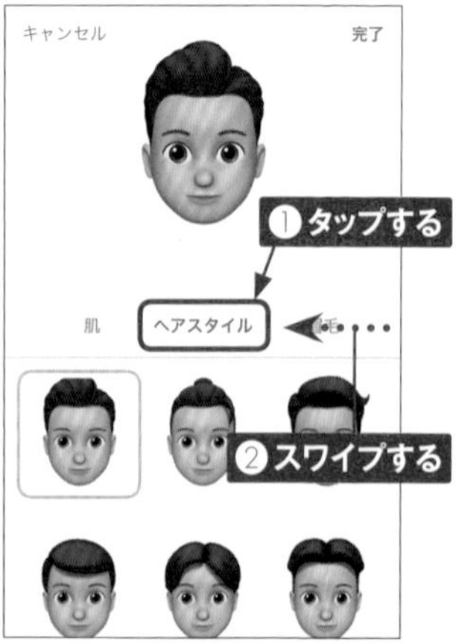

5 作成が終わったら、<完了>をタップします。

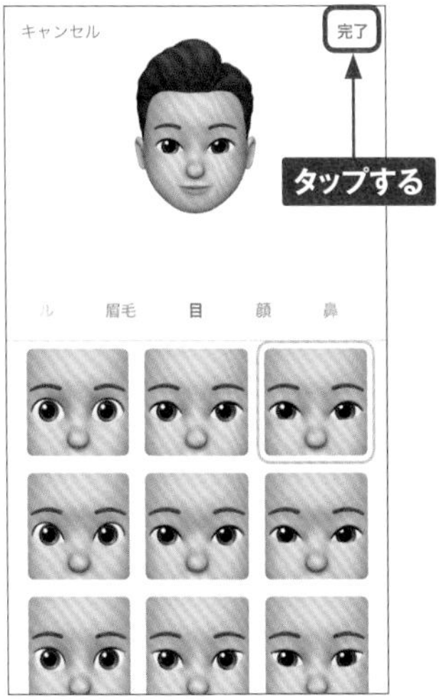

6 ミー文字が作成されます。送信したいミー文字のスタンプをタップして選択します。

7 ⬆をタップします。

8 ミー文字のスタンプが送信されます。

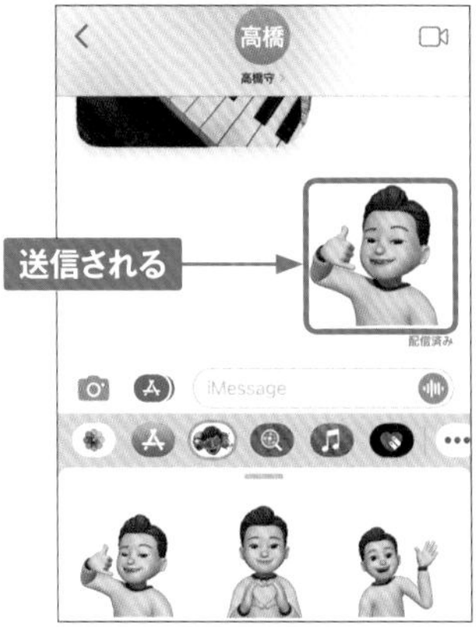

MEMO アニ文字は使えない

iPhone SEでは、iPhone X以降に搭載されているアニ文字は使うことができません。

Section 21

メールを利用する

iPhoneでは、iCloudメール（@icloud.com）を<メール>アプリで使用することができます。初期設定では自動受信になっており、携帯メールと同じ感覚で利用できます。

メールアプリで受信できるメールと「メールボックス」画面

iPhoneの<メール>アプリでは、iCloudメールやGmailなどさまざまなメールアカウントを登録して利用することができます。複数のメールアカウントを登録している場合、「メールボックス」画面（P.87手順③参照）には、下の画面のようにメールアカウントごとのメールボックスが表示されます。なお、メールアカウントが1つだけの場合は、「全受信」は「受信」と表示されます。

また、複数のメールアカウントを登録した状態でメールを新規作成すると、差出人には最初に登録したメールアカウント（デフォルトアカウント）のアドレスが設定されていますが、変更することができます（P.88手順②～③参照）。デフォルトアカウントは、P.96手順③で、画面最下部の<デフォルトアカウント>をタップすることで、切り替えることができます。なお、ここでは複数のメールアカウントを登録した状態での画面で解説しているため、メールアカウントが1つの場合は、一部画面や操作が異なります。

❶タップすると、すべてのアカウントの受信メールをまとめて表示することができます。

❷タップすると、各アカウントの受信メールを表示することができます。

❸タップすると、VIPリストに追加した連絡先からのメールを表示することができます。

❹各アカウントのメールボックスです。<受信>をタップすると、❷のアカウント名をタップしたときと同じ画面が表示されます。

メールを受信する

1 新しいメールが届くと、＜メール＞アプリへの着信が表示されます。＜メール＞をタップします。初回は「メールプライバシー保護」画面が表示されるので（P.219参照）、＜“メール”でのアクティビティを保護＞→＜続ける＞の順にタップします。

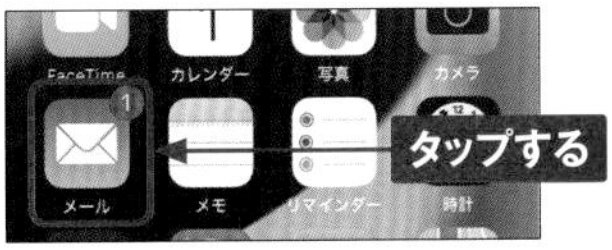

2 メールアカウントの「全受信」画面が表示された場合は、画面左上の＜メールボックス＞をタップします。

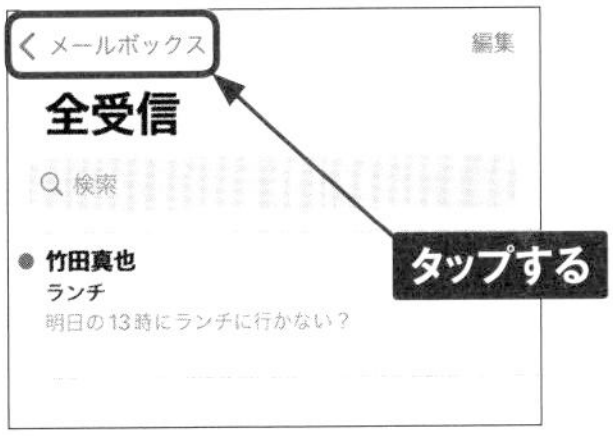

3 受信を確認したいメールアドレスを「メールボックス」の中からタップします。ここでは、＜Gmail＞をタップしています。

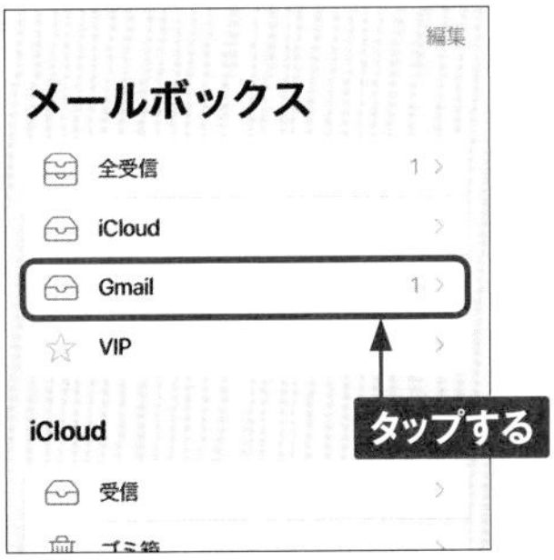

4 読みたいメールをタップします。メールの左側にある●は、そのメールが未読であることを表しています。

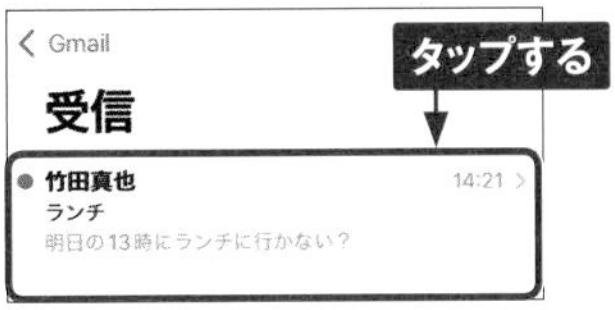

5 メールの本文が表示されます。画面左上の＜受信＞をタップし、画面左上の＜戻る＞をタップすると、「メールボックス」画面に戻ります。

MEMO キャリアメールを送受信する

＜メール＞アプリではドコモ、au、ソフトバンクなどのキャリアメールも送受信できます。受信する場合は、手順③の画面でキャリアメールを選択します。送信する場合は、P.88の手順③でキャリアメールのアドレスを選択します。なお、キャリアメールの送受信はあらかじめメールアカウントを設定する必要があります。設定方法については各キャリアのWebページをご確認ください。

メールを送信する

1 P.87手順③で画面下部の をタップします。

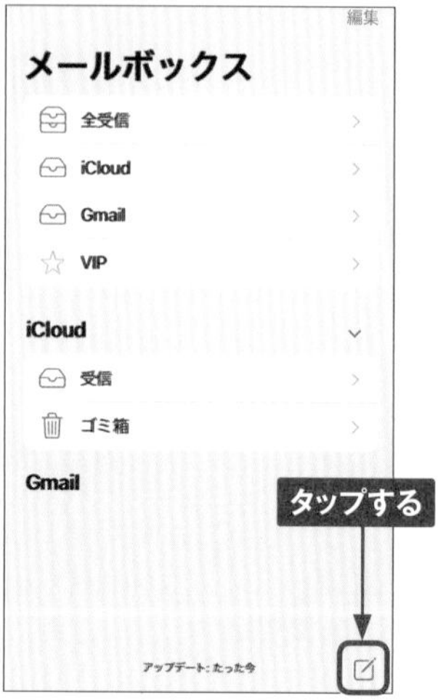

2 「宛先」に、送信したい相手のメールアドレスを入力し、<Cc/Bcc、差出人>をタップします。

3 「差出人」のメールアドレスをタップして、使用したいメールアドレスを選択してタップします。ここではGmailのメールアドレスを選択しています。

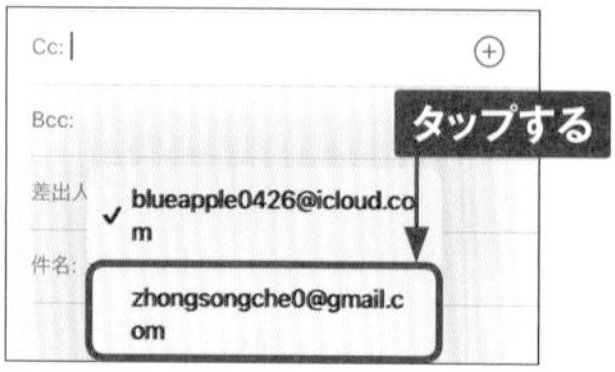

4 <件名>をタップし、件名を入力します。入力が終わったら、本文の入力フィールドをタップします。

5 本文を入力し、画面右上の をタップします。これで、送信が完了します。

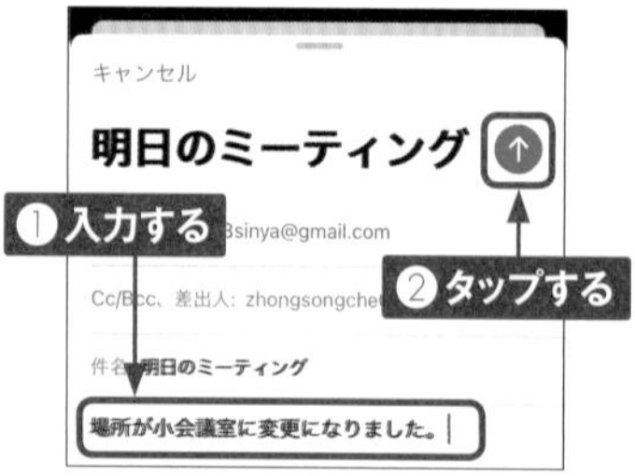

メールを返信する

① メールを返信したいときは、P.87手順⑤で、画面下部にある↩をタップします。

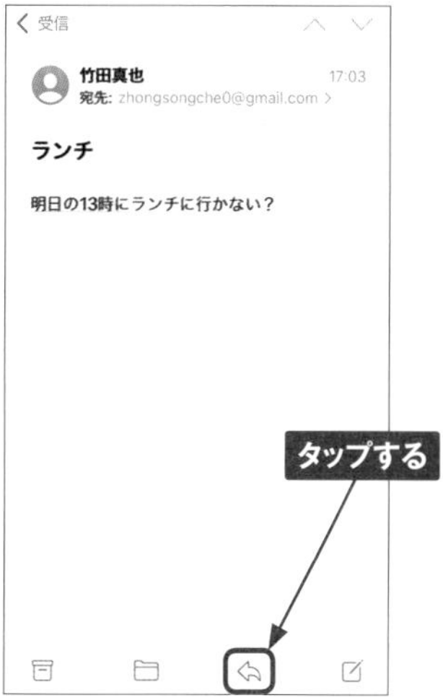

② ＜返信＞をタップします。

③ 本文入力フィールドをタップし、メッセージを入力します。本文の入力が終了したら、⬆をタップします。相手に返信のメールが届きます。

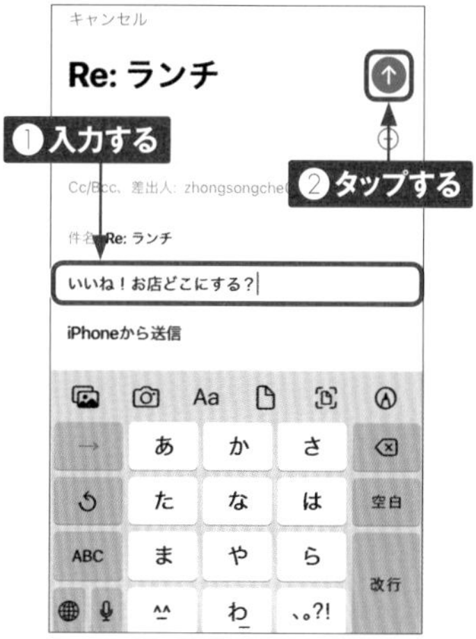

MEMO メールを転送する

手順②で＜転送＞をタップして宛先を入力し、⬆をタップすると、メールを転送できます。

Section 22

メールを活用する

＜メール＞アプリでは、特定の連絡先をVIPリストに追加しておくと、その連絡先からのメールをVIPリスト用のメールボックスに保存できます。また、メール作成中に写真や動画を添付できます。

VIPリストに連絡先を追加する

1 ホーム画面で＜メール＞をタップし、「メールボックス」画面で、＜VIP＞をタップします。

2 ＜VIPを追加＞をタップします。2回目以降は、P.91MEMOの画面を表示して、＜VIPを追加＞をタップします。

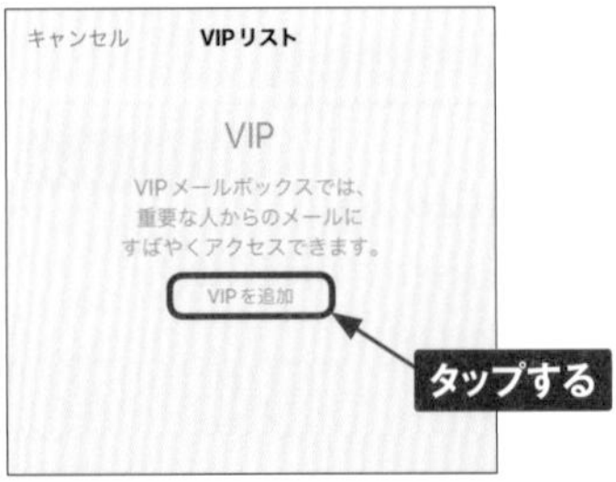

3 VIPリストに追加したい連絡先をタップします。

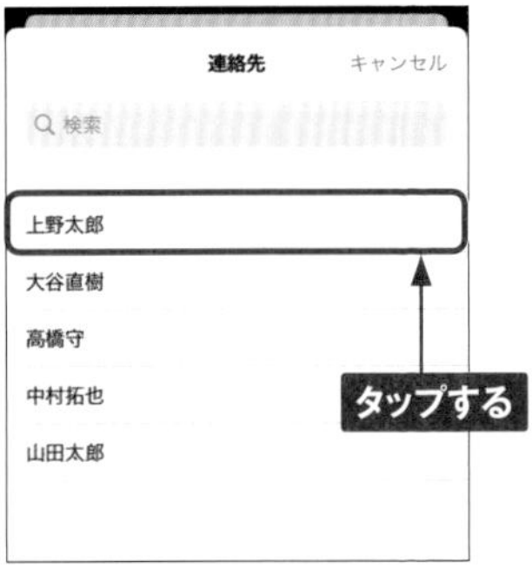

4 ＜完了＞をタップすると、連絡先がVIPリストに追加されます。

VIPリストの連絡先からメールを受信する

1 VIPリストの連絡先からメールを受け取ると、バナーが表示されます。

2 P.87を参考にメールを表示すると、差出人名に★が表示されています。

3 受け取ったメールは、「メールボックス」画面の＜VIP＞をタップすると閲覧できます。

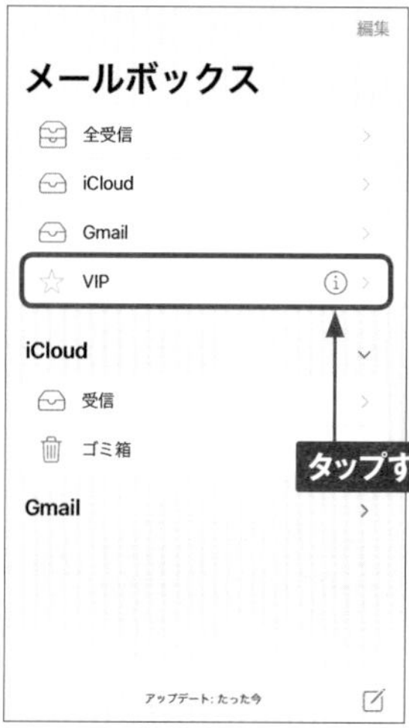

MEMO VIPリストから連絡先を削除する

ホーム画面で＜メール＞をタップして＜VIP＞の右のⓘをタップし、＜編集＞をタップします。VIPリストから削除したい連絡先の⊖→＜削除＞の順にタップすると、VIPリストから連絡先を削除できます。

写真や動画をメールに添付する

① ホーム画面で＜メール＞をタップします。

② 画面右下のをタップします。

③ 宛先や件名、メールの本文内容を入力したら、本文入力フィールドをタップして選択し、をタップします。

④ 一覧表示されている写真の部分を上方向にスワイプします。

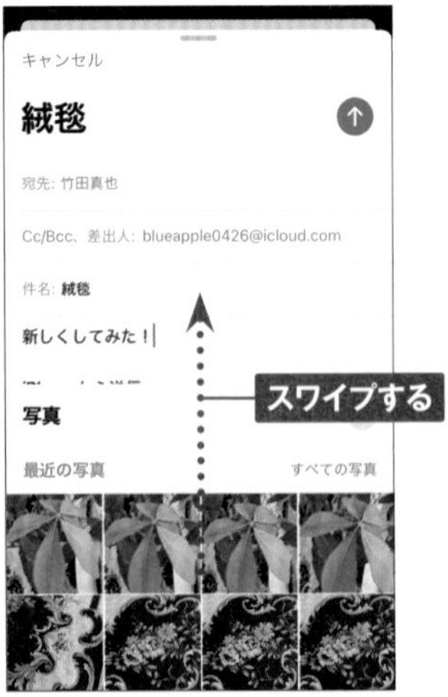

5 添付したい写真や動画をタップし、× をタップします。

6 ここでは写真が添付されました。Ⓘをタップします。

7 写真を添付したときにサイズを変更するメニューが表示されたら、サイズをタップして選択すると、メールが送信されます。

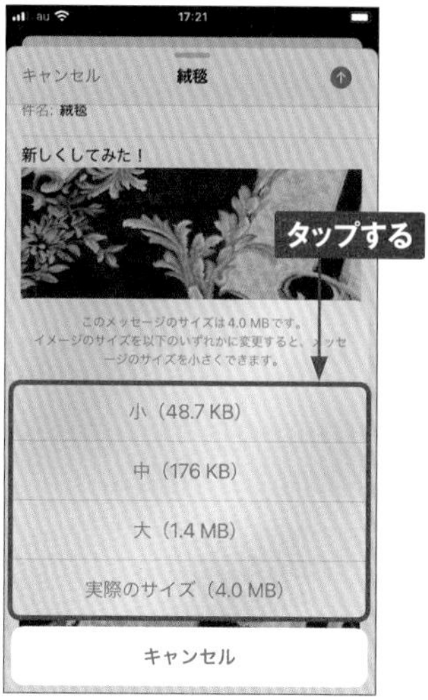

MEMO

動画を添付する際の注意

メールの種類によって添付できるファイルサイズには上限があります。手順⑤で動画を選択した場合、ファイルサイズを小さくするために圧縮処理が行われますが、大容量の動画を添付する場合は注意しましょう。大きなサイズの動画を送りたい場合は、iCloud Driveのファイル共有機能を使って送ると便利です（P.199参照）。

PCメールを利用する

パソコンで使用しているメールのアカウントを登録しておけば、＜メール＞アプリを使ってかんたんにメールの送受信ができます。ここでは、一般的な会社のアカウントを例にして、設定方法を解説します。

PCメールのアカウントを登録する

1 ホーム画面で＜設定＞をタップします。

2 ＜メール＞をタップします。

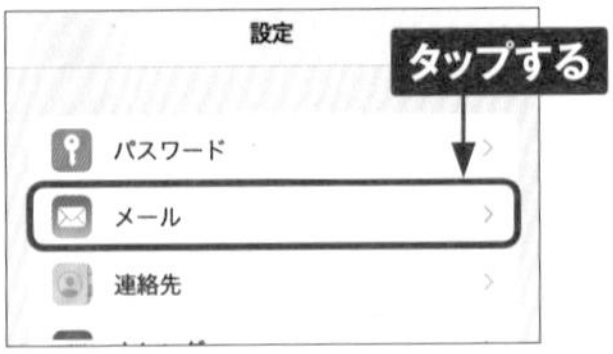

3 ＜アカウント＞をタップします。

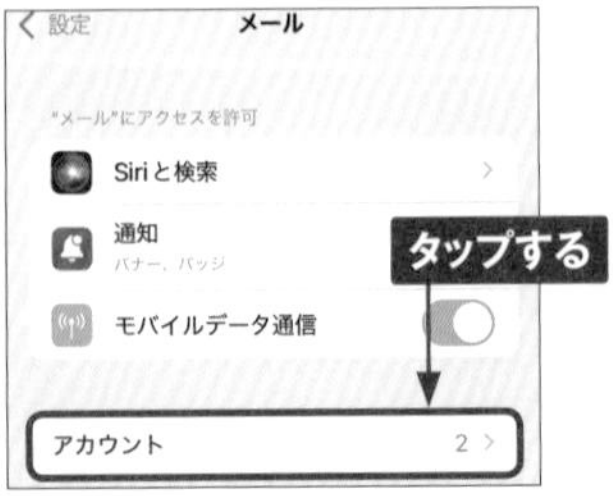

4 ＜アカウントを追加＞をタップします。

5 ＜その他＞をタップします。サービス名が表示されている場合は、タップして画面に従って操作します。

6 ＜メールアカウントを追加＞をタップします。

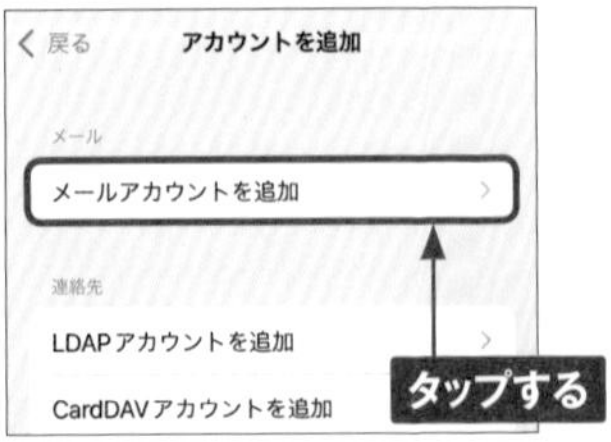

7 「メール」や「パスワード」など必要な項目を入力します。

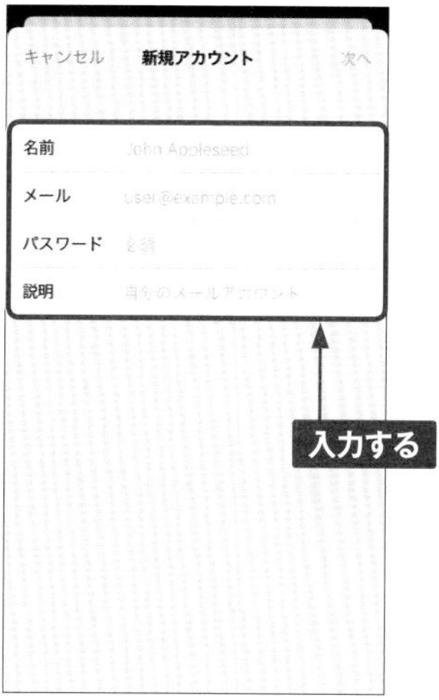

8 入力が完了すると、<次へ>がタップできるようになるので、タップします。

9 使用しているサーバに合わせて<IMAP>か<POP>をタップし、「受信メールサーバ」と「送信メールサーバ」の情報を入力します。

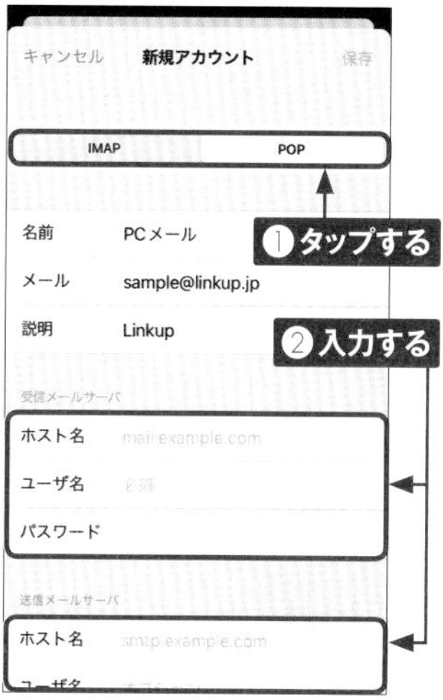

10 入力が完了したら、<保存>をタップします。

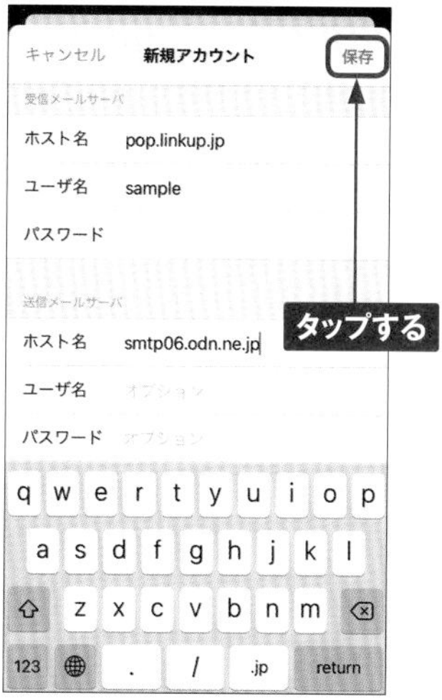

4

メールの設定を変更する

① ホーム画面で＜設定＞をタップします。

② ＜メール＞をタップします。

③ メールの設定画面が表示されます。各項目の をタップするなどして、設定を変更します。

MEMO

メールの設定項目

メールの設定画面では、プレビューで確認できる行数を変更したり、メールを削除する際にメッセージを表示したりできるほか、署名の内容なども書き換えられます。より＜メール＞アプリが使いやすくなるよう設定してみましょう。

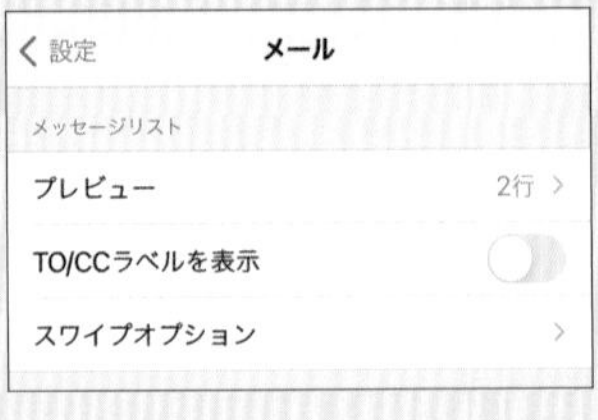

Chapter
5

インターネットを楽しむ

Webページを閲覧する

iPhoneには「Safari」というWebブラウザが標準アプリとしてインストールされています。パソコンなどと同様にWebブラウジングが楽しめます。

SafariでWebページを閲覧する

① ホーム画面で をタップします。

② 初回は「お気に入り」画面が表示されます。ここでは<Yahoo>をタップします。

③ Webページが表示されました。

MEMO 「お気に入り」画面とは

「お気に入り」画面には、ブックマークの「お気に入り」に登録されたサイトが一覧表示されます（P.111参照）。また新規タブ（P.106MEMO参照）を開いたときにも、「お気に入り」画面が表示されます。

ツールバーを表示する

1 Webページを開くと、画面下部に検索フィールドとツールバーが表示されます。

2 Webページを閲覧中、上方向にスワイプしていると、検索フィールドやツールバーが消える場合があります。

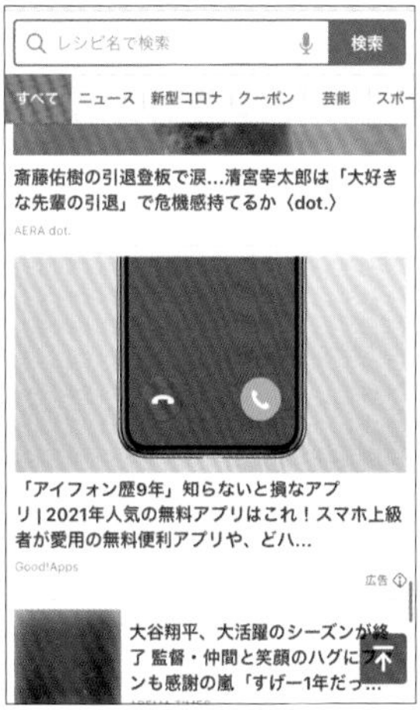

3 画面を下方向へスワイプするか、画面の上端か下端をタップすると、検索フィールドやツールバーが表示されます。

MEMO 横画面でWebページを表示する

Webページを閲覧中にiPhoneを横向きにすると、横画面でWebページが表示され、ツールバーが上部に表示されます（画面を縦向きに固定していない場合）。

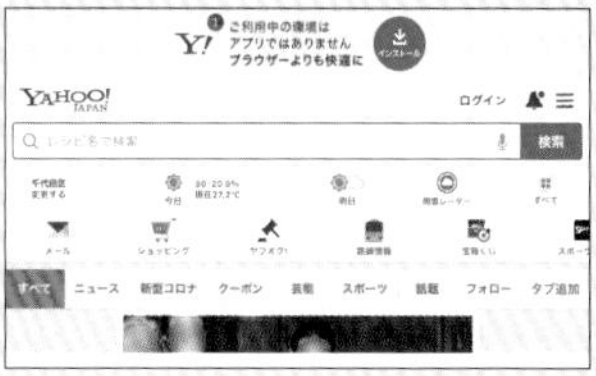

5

ページを移動する

① Webページの閲覧中に、リンク先のページに移動したい場合は、ページ内のリンクをタップします。

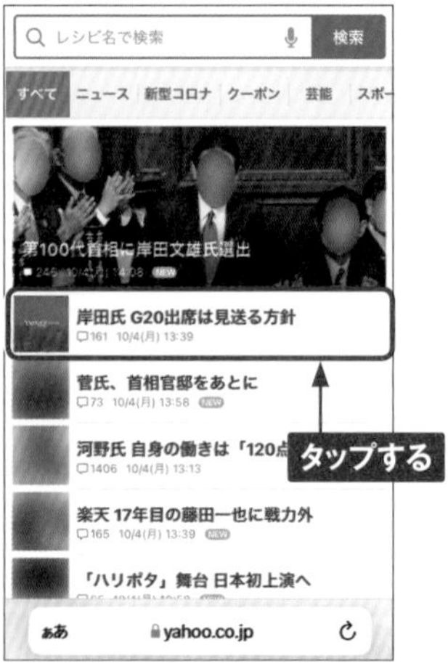

② タップしたリンク先のページに移動します。画面を上方向にスワイプすると、表示されていない部分が表示されます。

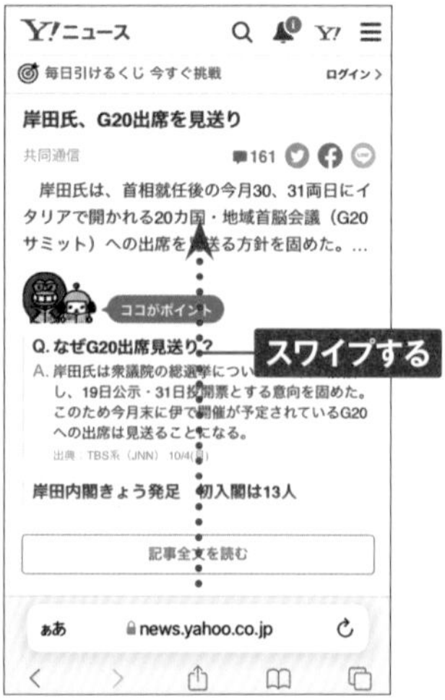

③ ＜をタップすると、タップした回数だけページが戻ります。＞をタップすると、戻る直前のページに進みます。

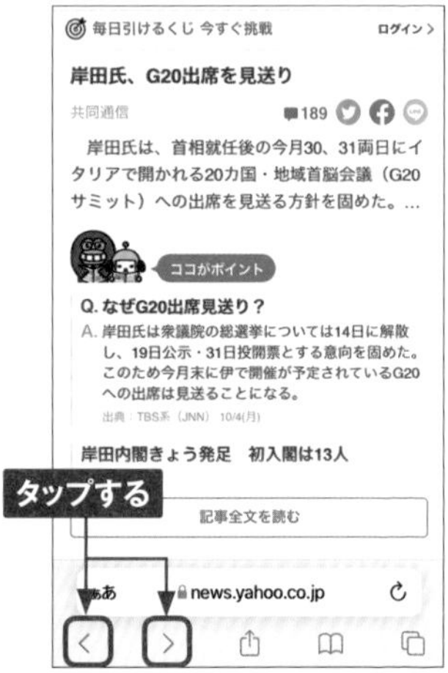

MEMO スワイプで進む／戻る

Webページを閲覧中、画面左端から右方向にスワイプすると、前のページに戻ることができます。また、画面右端から左方向にスワイプすると、次のページに進みます。

パソコン向けのレイアウトで表示する

① Webページの閲覧中に、画面を下方向にスワイプして、検索フィールドを表示し、ぁあ をタップします。

② ＜デスクトップ用Webサイトを表示＞をタップします。

③ Webページがパソコン向けのレイアウトで表示されます。

MEMO Webページのいちばん上に移動する

Webページを閲覧中、ステータスバーをタップすると、見ていたページの最上部まで移動することができます。

ページを拡大／縮小する

●ダブルタップを使う

① 表示が小さくて見づらいと感じたら、大きくしたい箇所をダブルタップします。

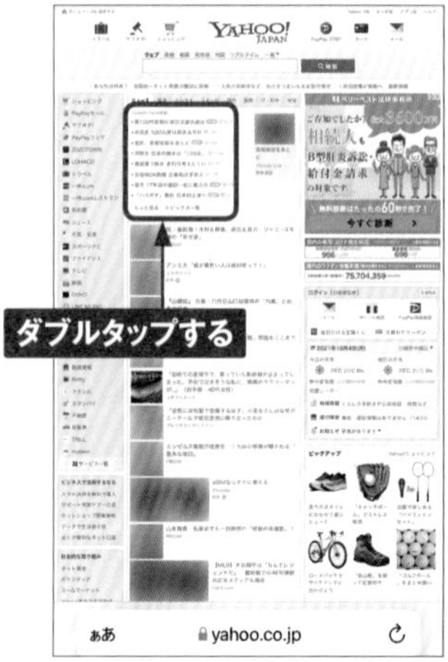

② ダブルタップした場所を中心に画面が拡大されました。もとに戻す場合は、もう一度ダブルタップします。

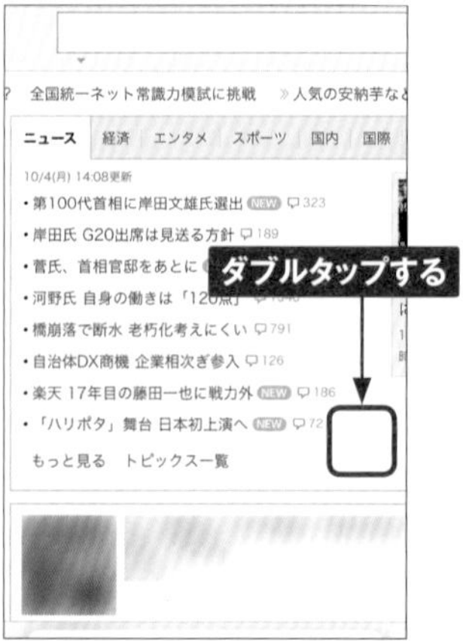

●ピンチを使う

① 画面上で大きくしたい箇所をピンチオープンします。

② ピンチオープンした箇所を中心に画面が拡大されました。ピンチクローズすると、縮小することができます。

MEMO ダブルタップとピンチの使い分け

ダブルタップの場合は、文章や画像の幅に合わせて自動的に拡大／縮小されます。ピンチでは、好きな大きさに拡大／縮小できます。おおまかな拡大／縮小はダブルタップを、細かな調整はピンチを利用するとよいでしょう。なお、サイトによっては、拡大／縮小ができない場合もあります。

閲覧履歴からWebページを閲覧する

1 画面下部の📖をタップします。

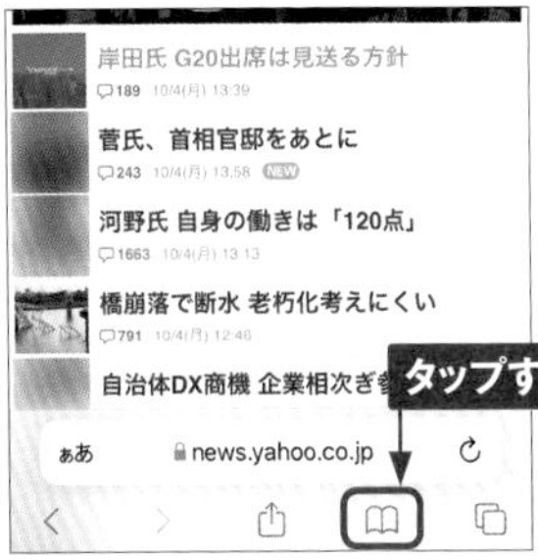

2 「ブックマーク」画面が表示されるので、🕘をタップします。

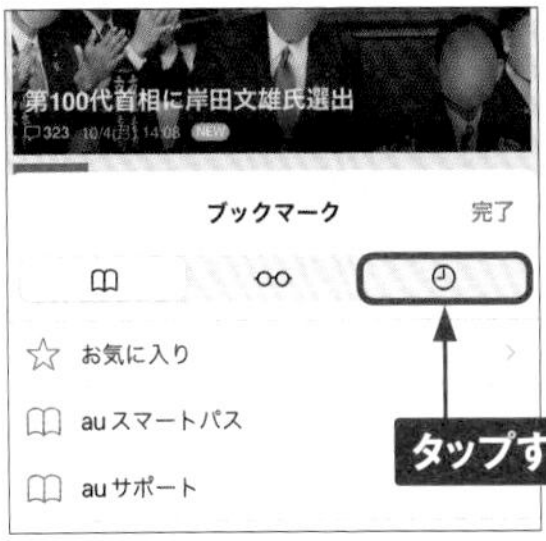

3 今まで閲覧したWebページの一覧が表示されます。閲覧したいWebページをタップします。

4 タップしたWebページが表示されます。

MEMO 閲覧履歴を消去する

「ブックマーク」画面で🕘をタップして、画面下部の<消去>→<すべて>の順にタップすると、これまでの閲覧履歴をすべて消去できます。

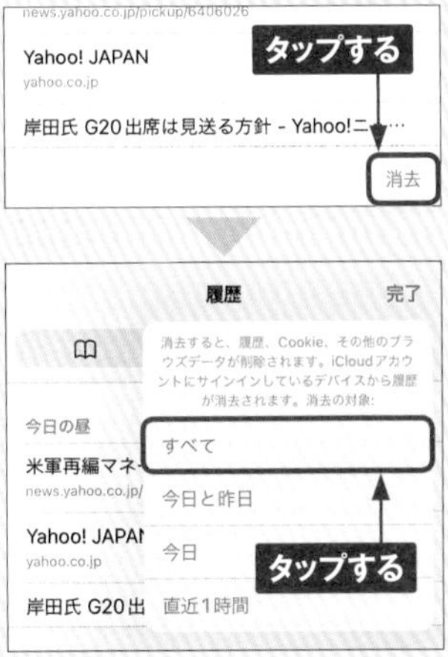

5

Section 25

新しいWebページを表示する

Safariでは、新しいWebページを表示することができます。画面上部にある検索フィールドに直接URLを入力すると、入力したWebページを表示することができます。

検索フィールドにURLを入力する

① P.98手順①を参考に、Safariを起動します。画面を下方向にスワイプして、検索フィールドを表示します。

② 検索フィールドをタップします。オンスクリーンキーボードの⌫をタップすると、検索フィールドにある文字を消すことができます。

③ 閲覧したいWebページのURLを入力し、<開く>(または<Go>)をタップします。

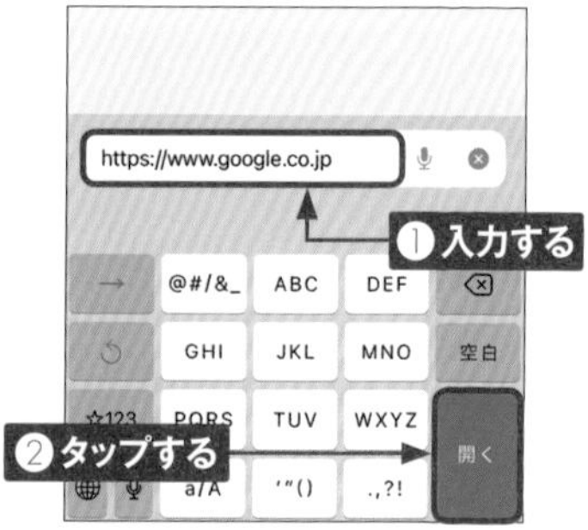

④ 入力したURLのWebページが表示されます。

表示を更新・中止する

① Webページの表示を更新したい場合は、検索フィールドの↻をタップします。

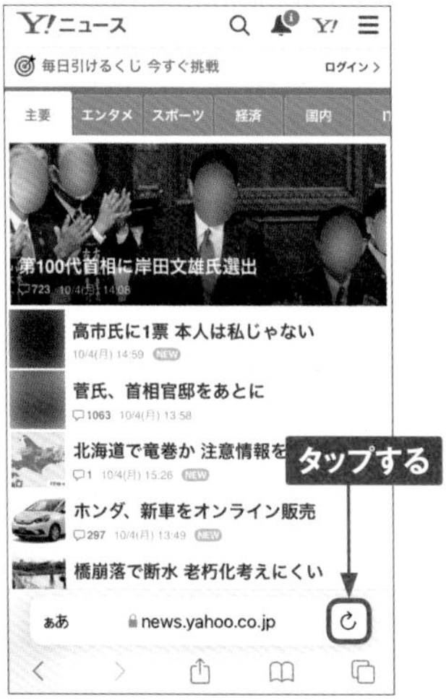

② Webページの更新中は、プログレスバーが青くなります。

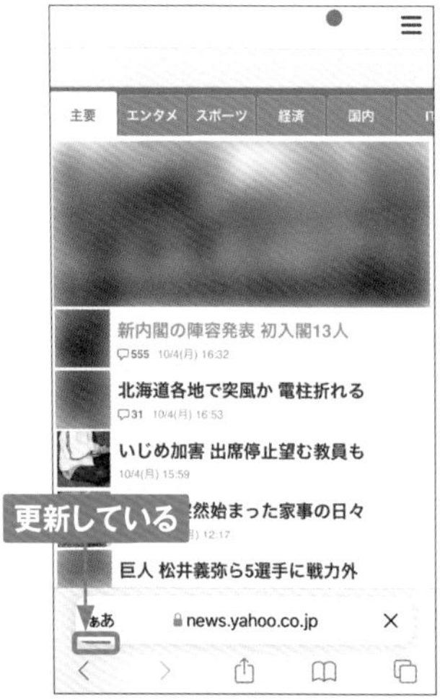

③ 更新されたWebページが表示されます。

④ ページの移動や更新を中止したい場合は、手順②の状態で検索フィールドにある×をタップします。

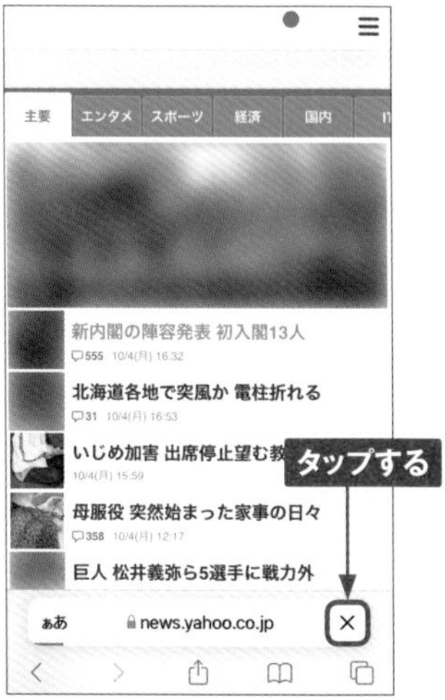

Section 26

複数のWebページを同時に開く

Safariは、タブを使って複数のWebページを開くことができます。よく見るWebページを開いておき、タブを切り替えていつでも見ることができます。

新規タブでWebページを開く

① 開きたいリンクをタッチします。

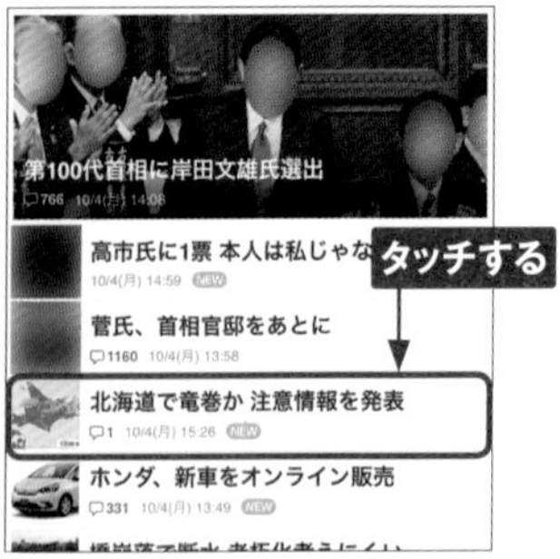

② メニューが表示されるので、<新規タブで開く>をタップします。

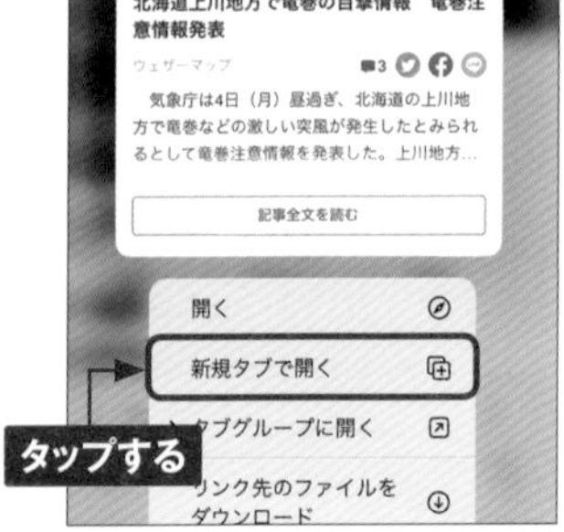

③ 新規タブが開き、タッチしたリンク先のWebページが表示されます。

MEMO　新規タブを表示する

P.107手順②で＋をタップすると、新規タブが表示されます。P.104やP.114を参照して、Webページを閲覧しましょう。

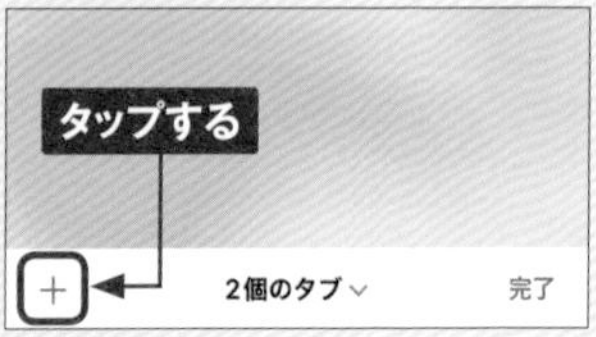

5

複数のWebページを切り替える

① タブの切り替えは画面下部のをタップします。

② 閲覧したいタブをタップします。×をタップすると、タブを閉じることができます。

③ 目的のWebページが表示されます。タブバーを左右にスワイプすることでもWebページを切り替えることができます。

MEMO タブをまとめて一気に閉じる

開いたタブは手順②の方法でも閉じることができますが、まとめて削除することも可能です。手順①の画面でをタッチし、<○個のタブをすべて閉じる>をタップすると、開いているタブをまとめて閉じることができます。

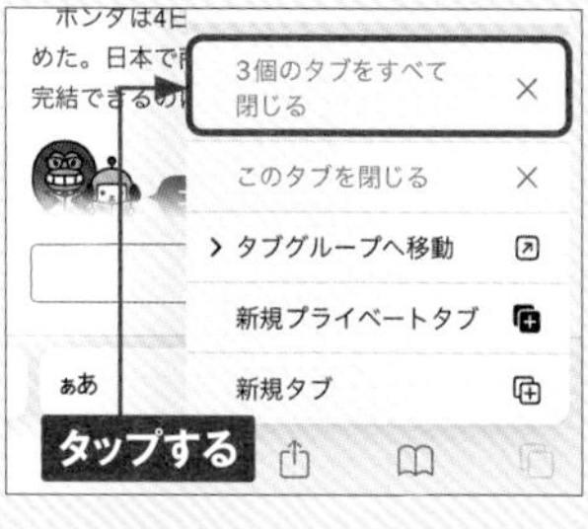

閉じたタブを開く・タブを並べ替える

●閉じたタブを開く

1 P.107手順②で＋をタッチします。

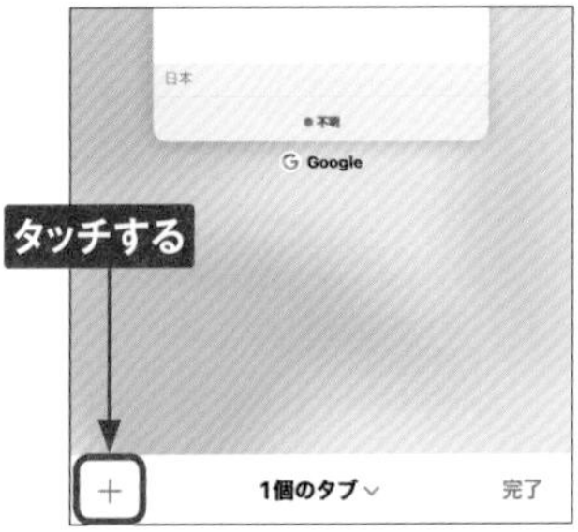

2 最近閉じたタブが一覧表示されます。開きたいタブをタップします。

3 タブが開きます。

●タブを並べ替える

1 P.107手順②でタブをタッチし、<タブの表示順序>をタップします。

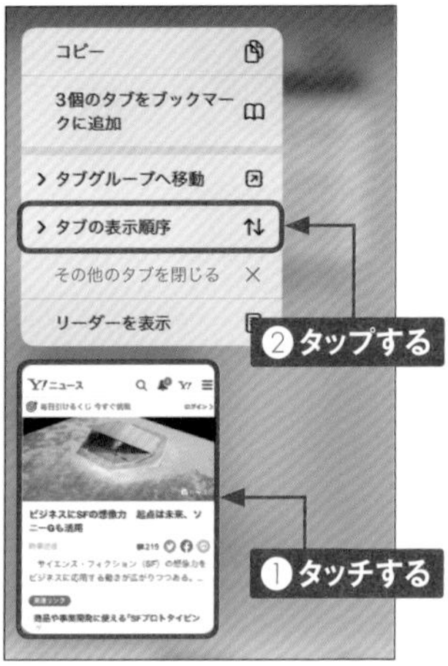

2 並べ替え順を選択してタップします。

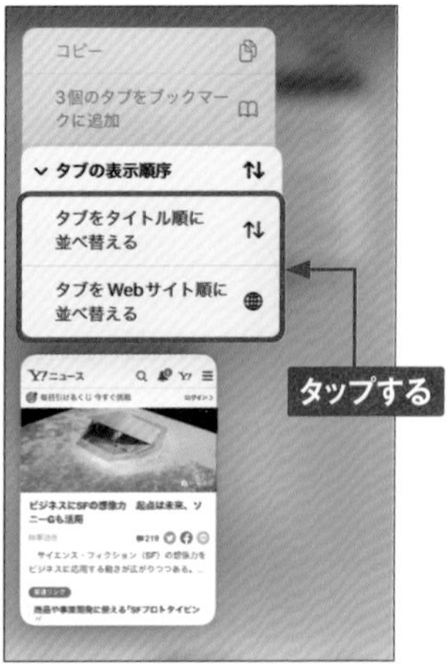

タブグループを作成する

① P.107手順②で＜○個のタブ＞をタップします。

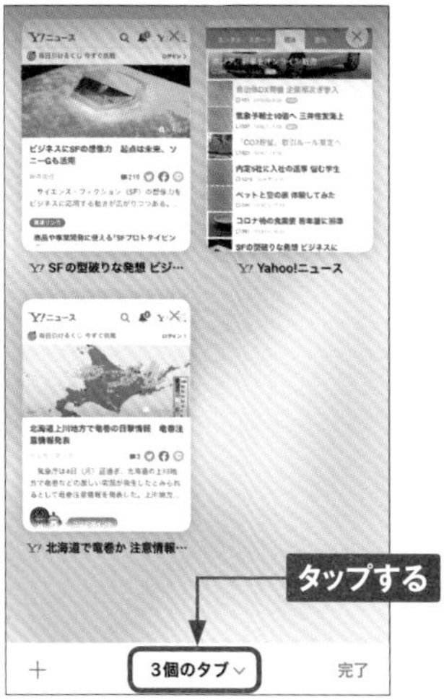

② ここではすでに開いているタブをグループにします。＜○個のタブから新規タブグループを作成＞をタップします。

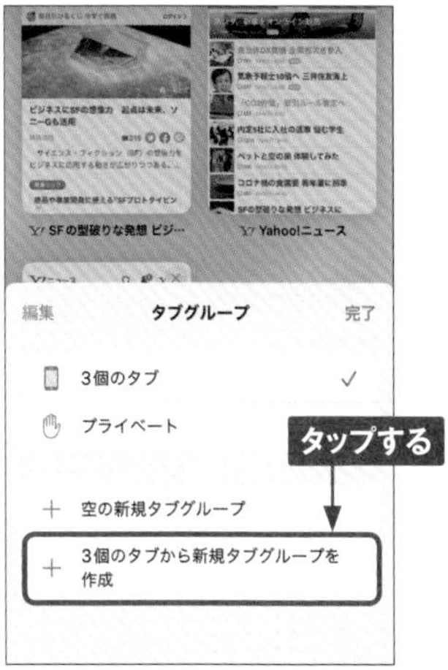

③ タブのグループ名を入力し、＜保存＞をタップします。

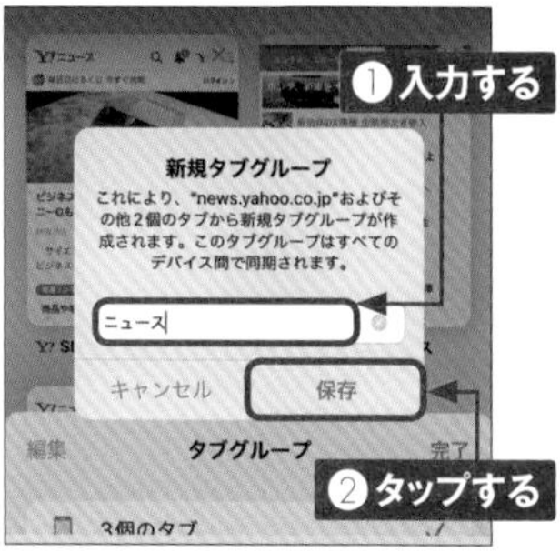

④ タブがグループ化されます。作成したグループ名をタップします。

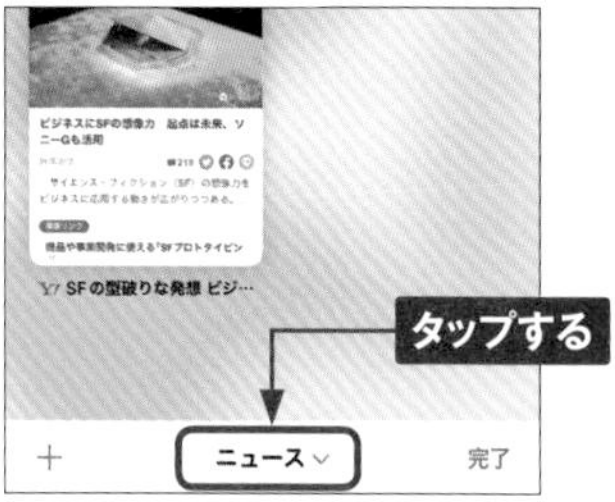

⑤ タブグループ名をタップしてほかのタブグループに切り替えたり、＜空の新規タブグループ＞をタップして別のグループを作成したりすることができます。

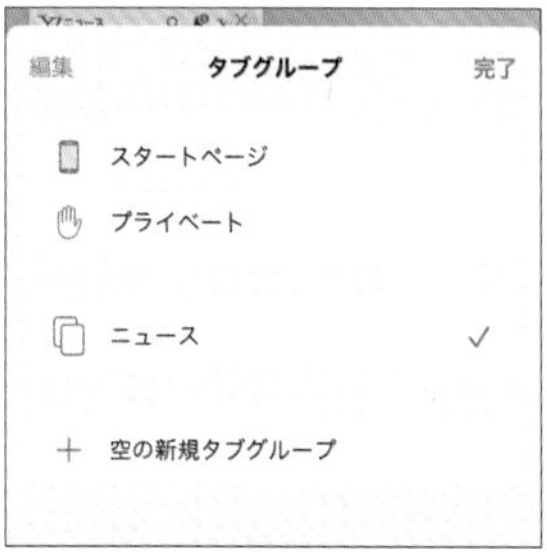

Section 27

ブックマークを利用する

Safariでは、WebページのURLを「ブックマーク」に保存し、好きなときにすぐに表示することができます。ブックマーク機能を活用して、インターネットを楽しみましょう。

ブックマークを追加する

① ブックマークに追加したいWebページを表示した状態で、画面下部にある をタップします。

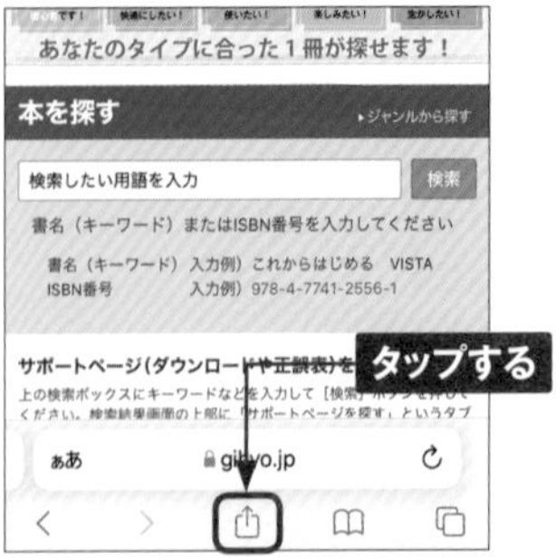

② 上方向にスワイプし、＜ブックマークを追加＞をタップします。なお、＜お気に入りに追加＞をタップすると、ブックマークの「お気に入り」フォルダに直接追加されます。

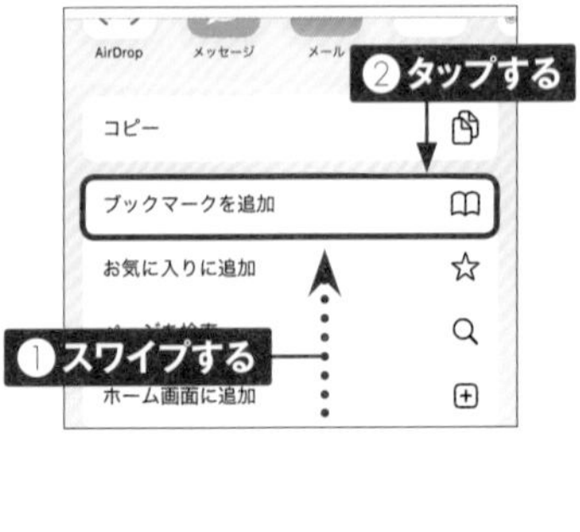

③ ブックマークのタイトルを入力します。わかりやすい名前を付けましょう。

④ 入力が終了したら、＜保存＞をタップします。ほかにフォルダがない状態では「お気に入り」フォルダが保存先に指定されていますが、フォルダをタップして変更することができます。

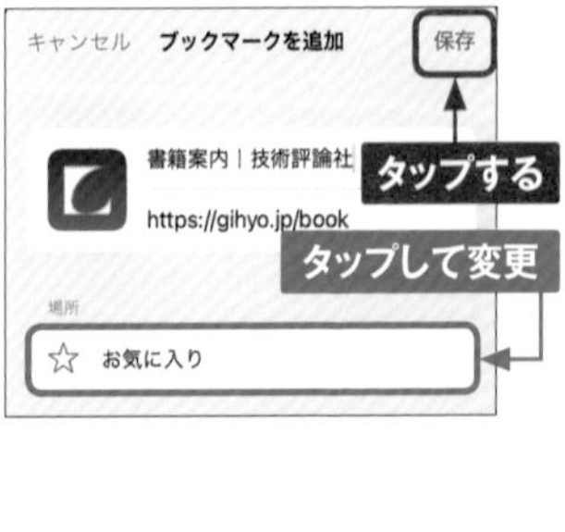

ブックマークに追加したWebページを表示する

1 Webページを表示した状態で、画面下部のをタップします。

2 ブックマークの一覧が画面の下半分に表示されるので、全体を表示したい場合は上方向にスワイプします。

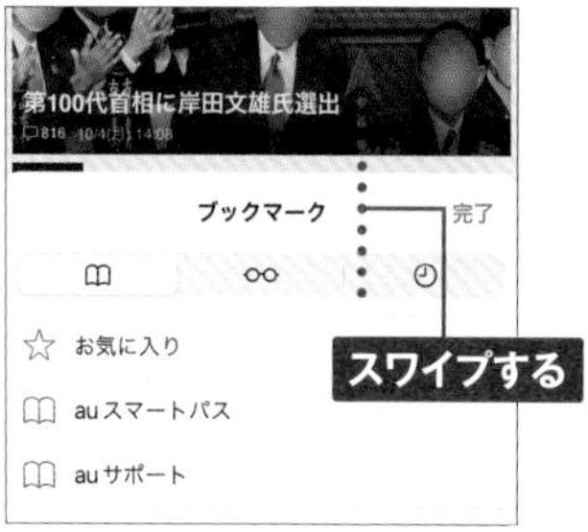

3 をタップして、「ブックマーク」画面を表示します。＜お気に入り＞をタップします。

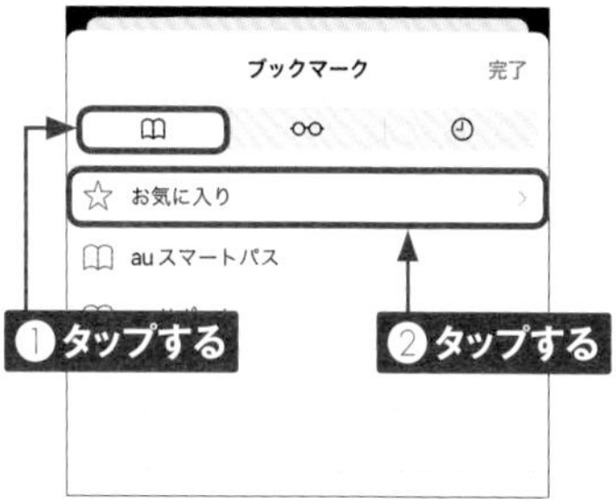

4 閲覧したいブックマークをタップします。ブックマーク一覧が表示されない場合は、画面左上の＜すべて＞をタップします。

5 タップしたブックマークのWebページが表示されました。

5

ブックマークを削除する

1 画面下部のをタップします。

2 「ブックマーク」画面が表示されます。削除したいブックマークのあるフォルダを開き、<編集>をタップします。

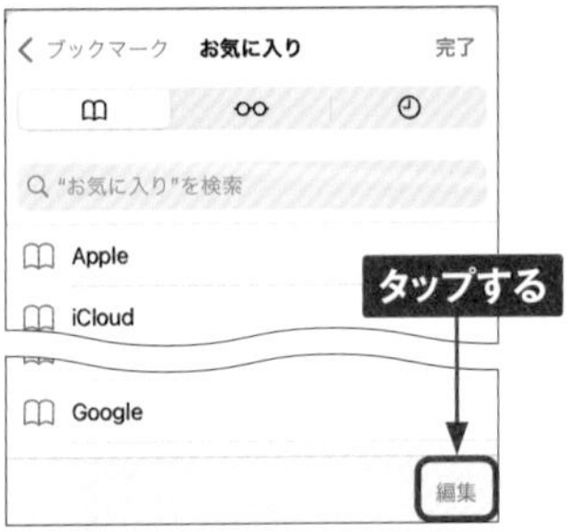

3 削除したいブックマークのをタップします。

4 <削除>をタップします。

5 <完了>→<完了>の順にタップします。

ブックマークにフォルダを作成する

① P.112手順③で画面左下の<新規フォルダ>をタップします。

② フォルダの名前を入力して、<完了>をタップすると、フォルダが作成されます。

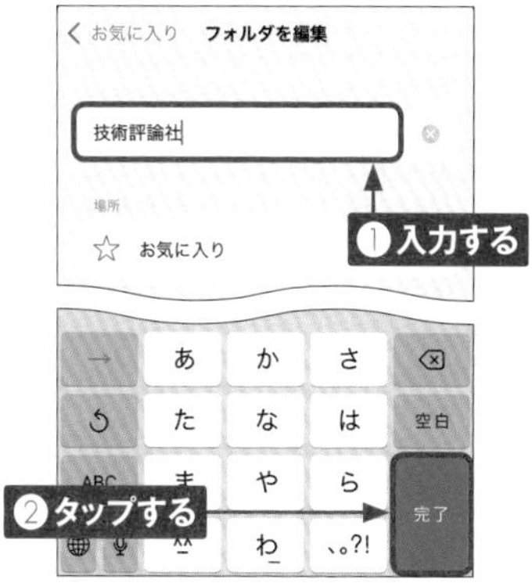

③ フォルダにブックマークを移動するときは、P.112手順③でフォルダに追加したいブックマークをタップします。

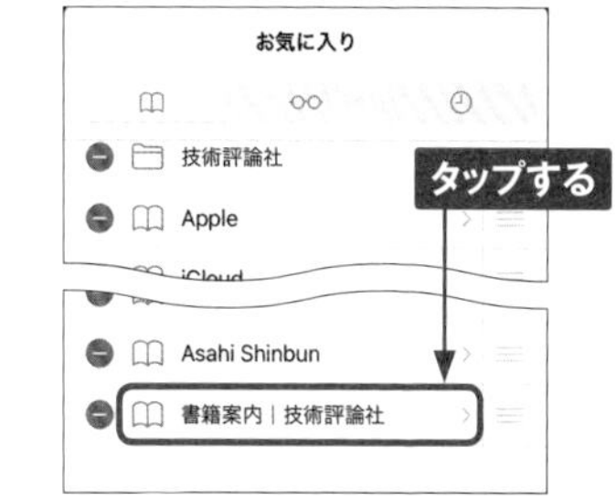

④ 現在のフォルダ（ここでは<お気に入り>）をタップします。

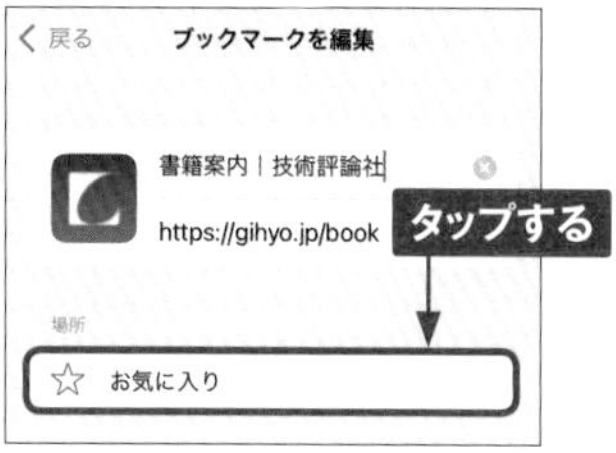

⑤ 移動先のフォルダ（ここでは<技術評論社>）をタップします。

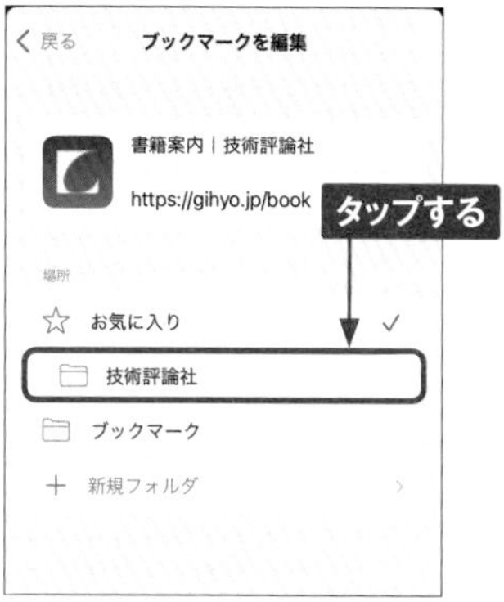

⑥ 画面上部の<戻る>をタップし、「お気に入り」画面に戻り、画面下部にある<完了>→<完了>の順にタップします。

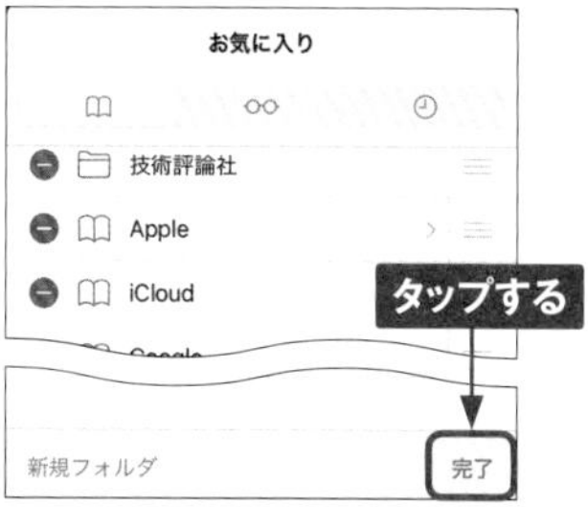

Section 28

Google検索を利用する

Webページを閲覧する際、検索フィールドに文字列を入力すると、検索機能が利用できます。ここでは、Safariに標準で搭載されている検索フィールドの使い方を紹介します。

キーワードからWebページを検索する

① 画面下部の検索フィールドをタップします。

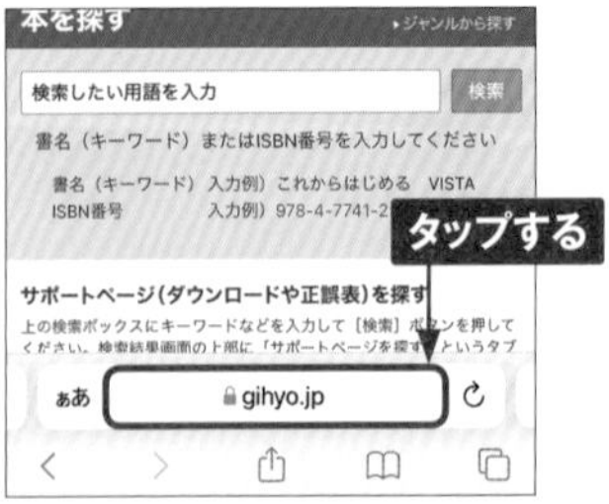

② 検索したいキーワードを入力して、オンスクリーンキーボードの＜開く＞（または＜go＞）をタップします。

③ 標準ではGoogle検索が実行されます。検索結果が表示されるので、閲覧したいWebページのリンクをタップします。

④ リンク先のWebページが表示されます。検索結果に戻る場合は、＜をタップします。

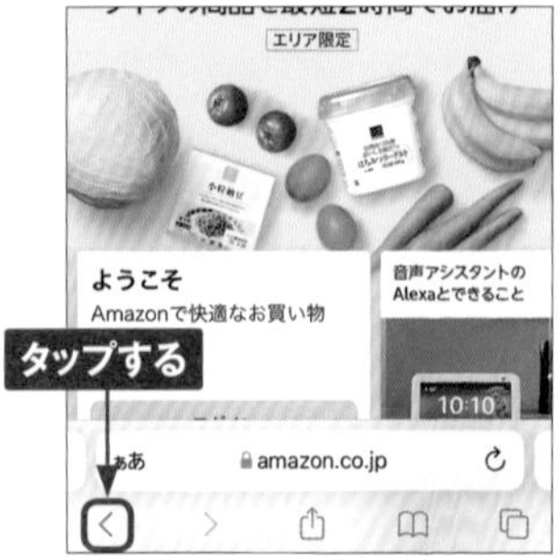

検索のキーワード候補からWebページを検索する

1 P.114手順②の画面で⊗をタップして、検索フィールドを空欄にします。

2 検索したいキーワードを入力すると、キーワード候補が表示されます。目的のキーワードをタップします。

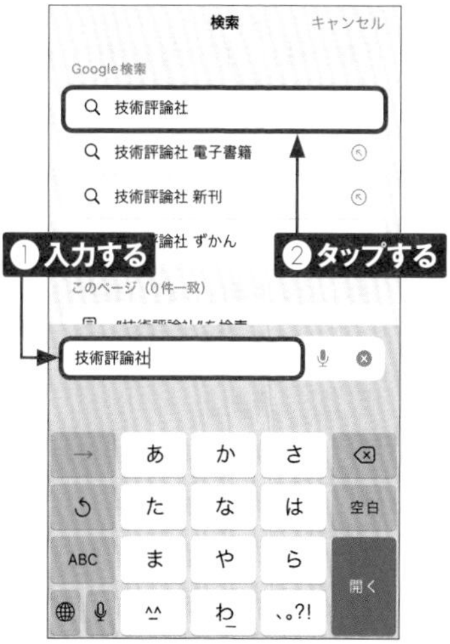

3 指定したキーワードでGoogle検索が実行されます。

MEMO 検索エンジンを変更する

iPhoneは、標準でGoogleの検索エンジンを使用しています。ほかの検索エンジンを使いたい場合は、検索エンジンを切り替えましょう。ホーム画面から<設定>→<Safari>→<検索エンジン>の順にタップします。その後、使用したい検索エンジン名をタップすると、設定完了です。なお、DuckDuckGoとEcosiaは検索履歴を保存しない検索エンジンです。

Section 29

Application

Webページを翻訳する

Safariでは、外国語のWebページを日本語に翻訳することができます。ここでは、英語のWebページ上の文章を選択して、日本語に翻訳する手順を解説します。

Webページを翻訳する

① 外国語のWebページを表示します。

WIKIPEDIA
Kaikhosru Shapurji Sorabji
Kaikhosru Shapurji Sorabji (born Leon Dudley Sorabji; 14 August 1892 – 15 October 1988) was an English composer, music critic, pianist and writer whose music, written over a period of seventy years, ranges from sets of miniatures to works lasting several hours. One of the most prolific 20th-century composers, he is best known for his piano pieces, notably

② P.39手順①～②を参考に、翻訳したい文章を選択し、<翻訳>をタップします。

WIKIPEDIA
②タップする
Kaikhosru Shapurji Sorabji
コピー
調べる
翻訳
共有
Kaikhosru Shapurji Sorabji (born Leon Dudley Sorabji; 14 August 1892 – 15 October 1988) was an English composer, music critic, pianist and writer whose music, written over a period of seventy years, ranges from sets of miniatures to works lasting several hours. One of the most prolific 20th-century composers, he is best known for his piano pieces
①入力する

③ <続ける>をタップします。

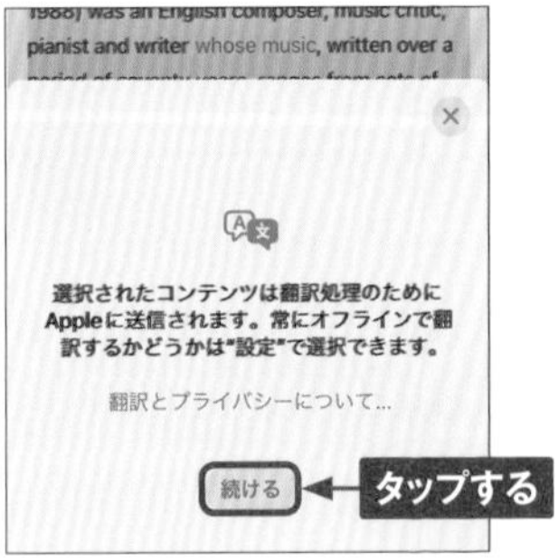

pianist and writer whose music, written over a
選択されたコンテンツは翻訳処理のためにAppleに送信されます。常にオフラインで翻訳するかどうかは"設定"で選択できます。
翻訳とプライバシーについて...
続ける
タップする

④ 手順②で選択した文章が翻訳されます。×をタップすると翻訳が終了します。

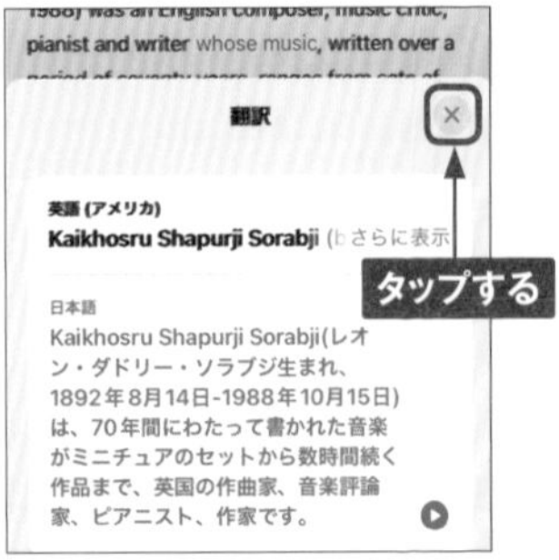

pianist and writer whose music, written over a
翻訳
英語 (アメリカ)
Kaikhosru Shapurji Sorabji
さらに表示
タップする
日本語
Kaikhosru Shapurji Sorabji(レオン・ダドリー・ソラブジ生まれ、1892年8月14日-1988年10月15日)は、70年間にわたって書かれた音楽がミニチュアのセットから数時間続く作品まで、英国の作曲家、音楽評論家、ピアニスト、作家です。

Section 30

プライベートブラウズモードを利用する

Safariでは、Webページの閲覧履歴や検索履歴、入力情報が保存されない「プライベートブラウズモード」が利用できます。プライバシーを重視したい内容を扱う場合などに利用するとよいでしょう。

プライベートブラウズモードを利用する

① Webページを表示した状態で、⧉をタッチします。

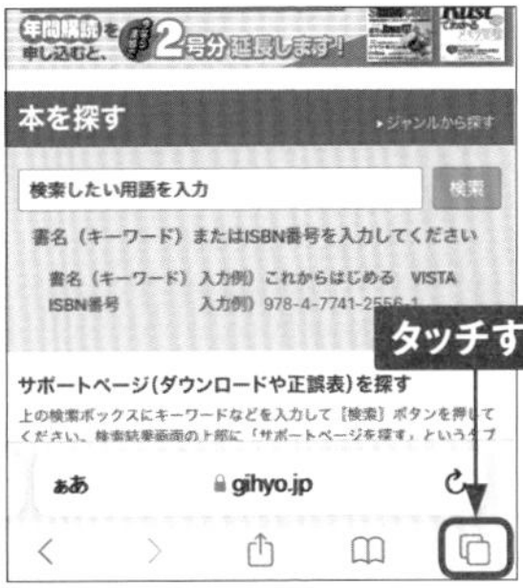

② ＜プライベート＞をタップします。

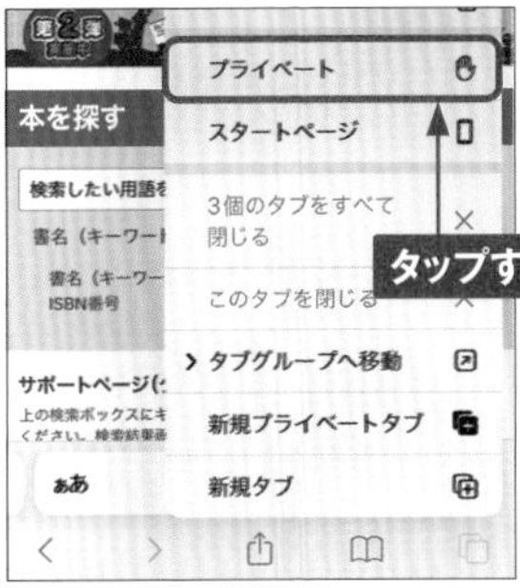

③ プライベートブラウズモードに切り替わります。

MEMO プライベートブラウズモードを終了する

プライベートブラウズモードを終了するには、手順②の画面を表示して、＜スタートページ＞もしくは＜○個のタブ＞をタップします。

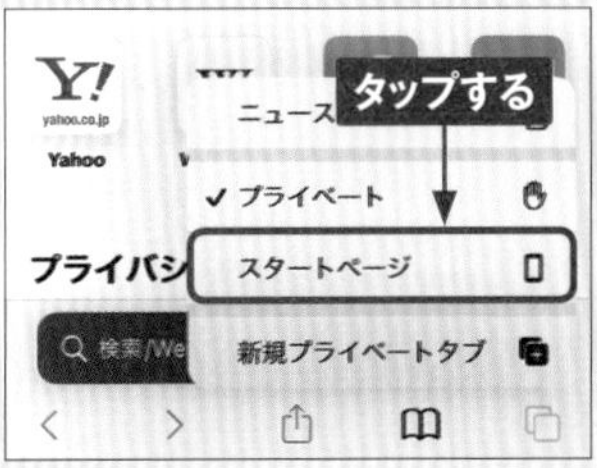

Section 31

検索フィールドを画面上部に表示する

検索フィールドは、iOS 15からは画面下部に表示されるようになりました。使いにくい場合は、従来のように検索フィールドを画面上部に表示することもできます。

検索フィールドを画面上部に表示する

1 検索フィールドの ぁあ をタップします。

2 <上のアドレスバーを表示>をタップします。

3 検索フィールドが画面上部に表示されるようになります。

MEMO 検索フィールドをもとに戻す

検索フィールドを画面下部に戻すには、手順②の画面で<下のタブバーを表示>をタップします。

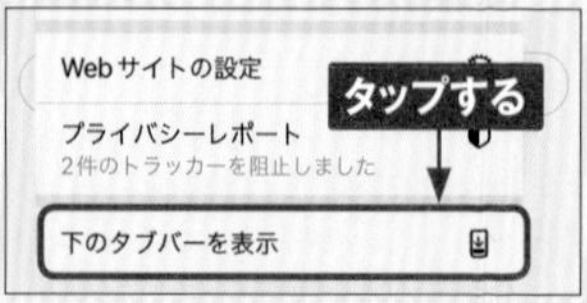

Chapter 6

音楽や写真・動画を楽しむ

Section 32

音楽を購入する

iPhoneでは、<iTunes Store>アプリを使用して、直接音楽を購入することができます。購入前の試聴も可能なので、気軽に利用することができます。

ランキングから曲を探す

1 ホーム画面で<iTunes Store>をタップします。初回起動時は<続ける>をタップし、「ファミリー共有を設定」画面が表示された場合は、<今はしない>をタップします。

2 iTunes Storeのランキングを見たいときは、画面左下の<ミュージック>をタップして、<iTunes Store>アプリのトップ画面を表示し、<ランキング>をタップします。

3 「ソング」や「アルバム」、「ミュージックビデオ」のランキングが表示されます。特定のジャンルのランキングを見たいときは、<ジャンル>をタップします。

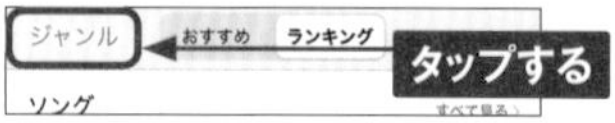

4 ジャンルの一覧が表示されます。閲覧したいランキングのジャンルをタップします。ここでは、<エレクトロニック>をタップします。

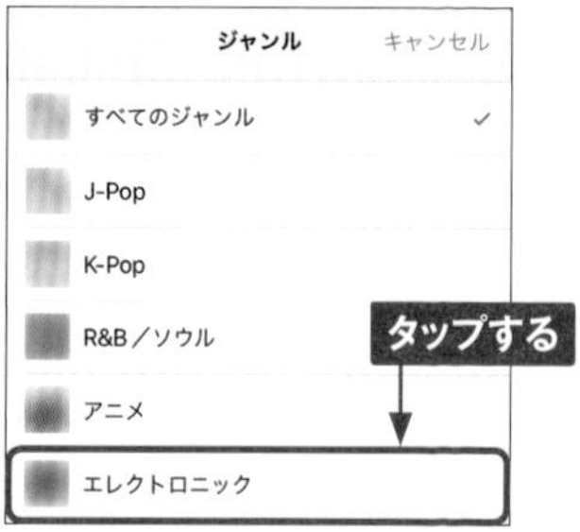

5 選択したジャンルのソング全体のランキングが表示されます。

アーティスト名や曲名で検索する

1 画面下部の＜検索＞をタップします。

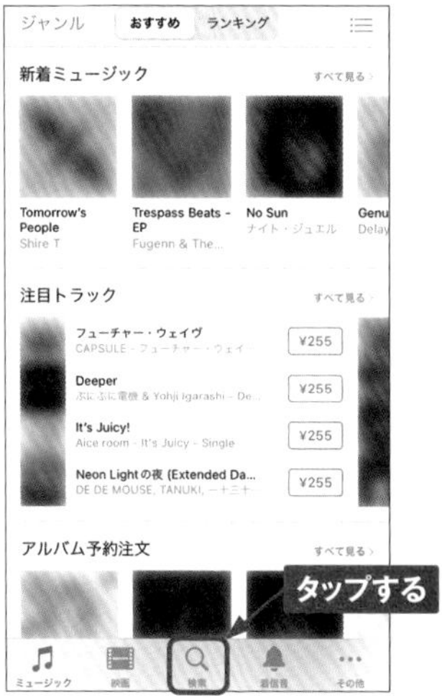

2 検索フィールドにアーティスト名や曲名を入力し、＜検索＞または＜search＞をタップします。

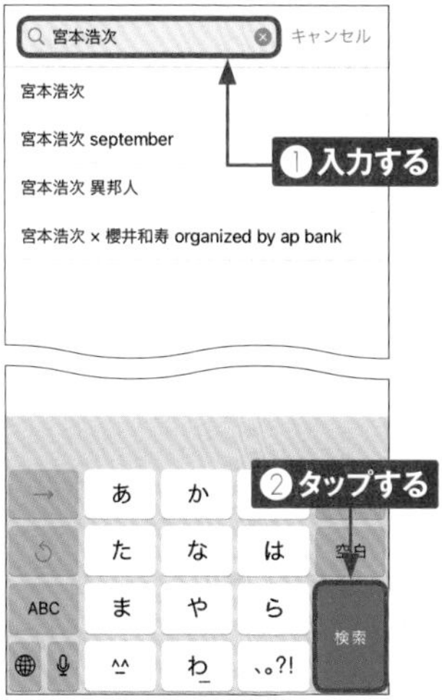

3 検索結果が表示されます。ここでは＜アルバム＞をタップします。

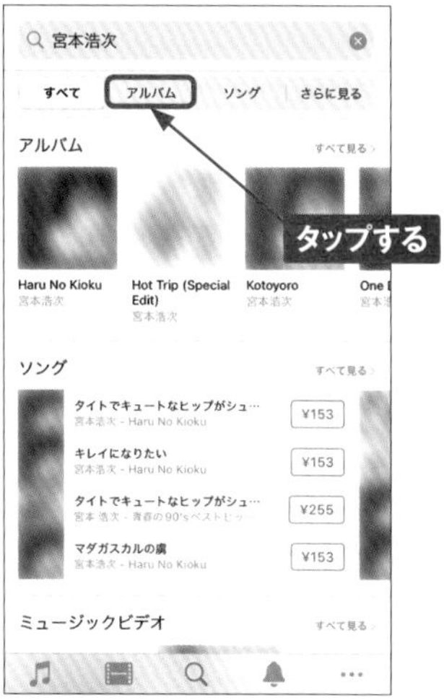

4 検索したキーワードに該当するアルバムが表示されます。任意のアルバムをタップすると、選択したアルバムの詳細が確認できます。

曲を購入する

1 P.121手順④の次の画面では、曲の詳細やレビュー、関連した曲を見ることができます。

2 購入する前に曲を試聴できます。曲のタイトルをタップすると、曲が一定時間再生されます。

3 購入したい曲の価格をタップします。アルバムを購入する場合は、アルバム名の下にある価格をタップします。

4 ＜支払い＞をタップします。

6

5 「Apple IDでサインイン」画面が表示されたら、Apple ID（Sec.15参照）のパスワードを入力し、<サインイン>をタップします。なお、パスワードの要求頻度の確認画面が表示された場合は、<常に要求>または<15分後に要求>をタップします。

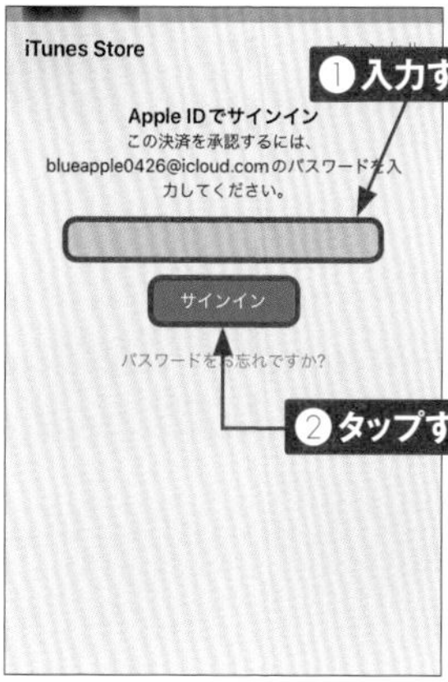

6 購入した曲のダウンロードが始まります。

7 <再生>をタップすると、購入した曲をすぐに聴くことができます。

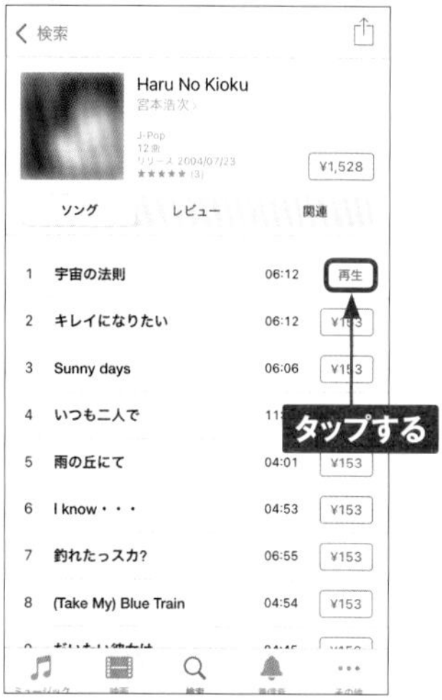

MEMO

支払い情報が未登録の場合

<iTunes Store>アプリで利用するApple IDに支払い情報を登録していないと、手順⑤のあとに「お支払情報が必要です」と表示されます。その場合、<続ける>をタップし、画面の指示に従って支払い情報を登録しましょう。登録を終えると、曲の購入が可能になります。

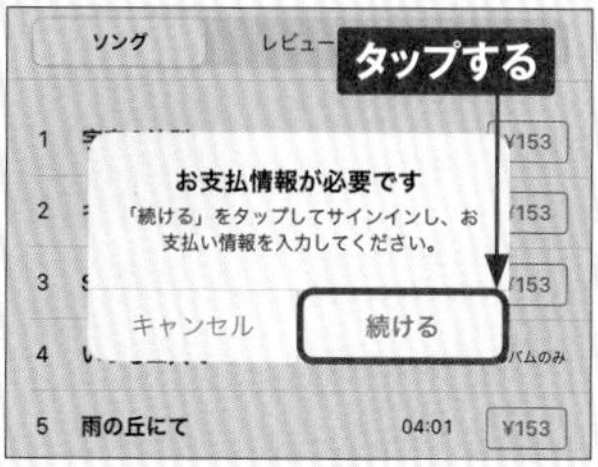

Section 33

音楽を聴く

パソコンから転送した曲や、iTunes Storeで購入した曲を、<ミュージック>アプリを使って再生しましょう。ほかのアプリの使用中にも音楽を楽しめるうえ、ロック画面での再生操作も可能です。

「再生中」画面の見方

タップすると再生中の曲が画面下部のミニプレーヤーに表示され、P.125手順④の画面に戻ります。再び「再生中」画面を表示させるには、ミニプレーヤーをタップします。

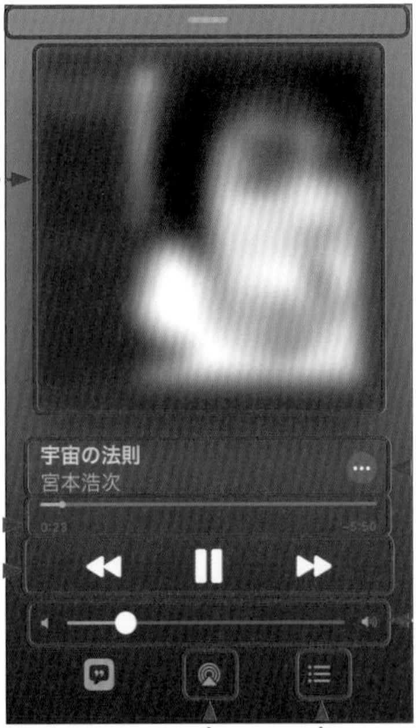

曲やアルバムのアートワークが表示されます。

曲名が表示されます。

左右にドラッグすると再生位置を調節できます。

各ボタンをタップすると曲の操作が行えます。

左右にドラッグすると音量を調節できます。

タップするとBluetooth機器などで音楽を再生できます。

タップすると次に再生される曲の一覧が表示されます。

音楽を再生する

1 ホーム画面でをタップします。Apple Musicの案内が表示されたら、＜続ける＞→×の順にタップします。

2 ＜ライブラリ＞をタップし、任意の項目（ここでは＜アルバム＞）をタップします。

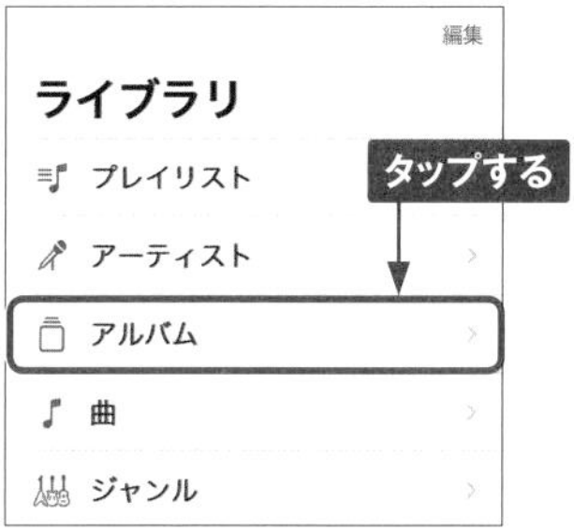

3 任意のアルバムをタップします。

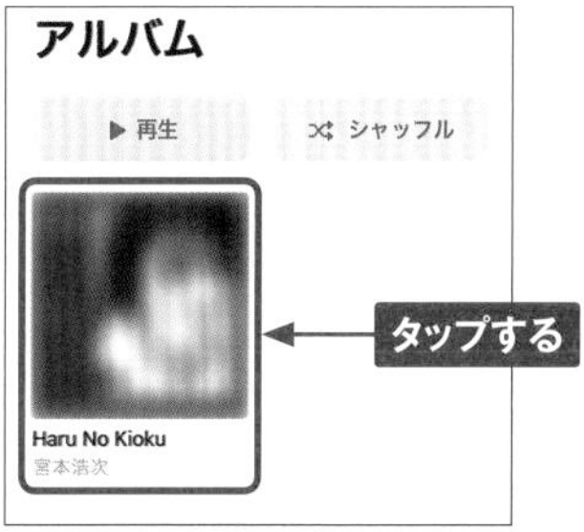

4 曲の一覧を上下にドラッグし、曲名をタップして再生します。画面下部のミニプレーヤーをタップします。

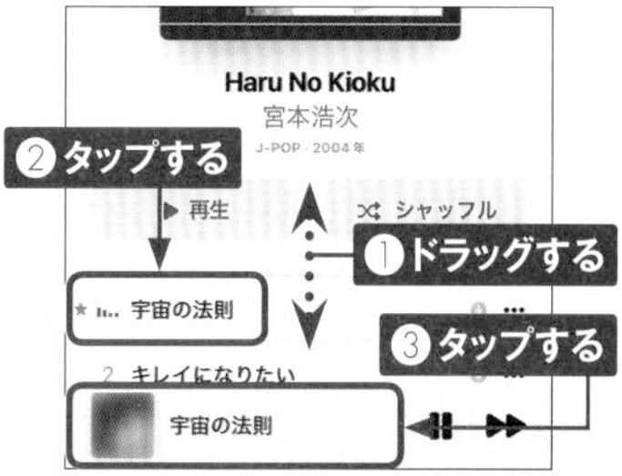

5 「再生中」画面が表示されます。一時停止する場合はをタップします。

MEMO ロック画面で音楽再生を操作する

音楽再生中にロック画面を表示すると、ロック画面に<ミュージック>アプリの再生コントロールが表示されます。この再生コントロールで、再生や停止、曲のスキップなど、基本的な操作はひととおり行えます。

Section 34

Apple Musicを利用する

Application

Apple Musicは、インターネットを介して音楽をストリーミング再生できる新しいサービスです。月額料金を支払うことで、数千万曲以上の音楽を聴き放題で楽しめます。

Apple Musicとは

Apple Musicは、月額制の音楽ストリーミングサービスです。ストリーミング再生だけでなく、iPhoneやiPadにダウンロードしてオフラインで聴いたり、プレイリストに追加したりすることもできます。個人プランは月額980円、ファミリープランは月額1,480円、学生プランは月額480円で、利用解除の設定を行わない限り、毎月自動で更新されます。サブスクリプションを購入すると、iTunes Storeで販売しているさまざまな曲とミュージックビデオを自由に視聴できるほか、著名なアーティストによるライブ配信のラジオなどを聴くこともできます。また、ファミリープランでは、家族6人まで好きなときに好きな場所で、それぞれの端末上からApple Musicを利用できます。なお、Apple Oneに登録することでもApple Musicを利用できます。Apple Oneは、Apple Music、Apple TV+、Apple Arcade、iCloud+の4つのサービスを個人プランは月額1,100円、ファミリープランは月額1,850円で利用できます。

音楽＋友達
友達が聴いている曲をチェックして、最高の新着ミュージックを一緒に見つけましょう。
今すぐ始めよう

Apple Musicのメンバーシップになると、プロフィールを登録したり、ほかのユーザーと曲やプレイリストを共有したりすることができます。

今すぐ聴く
7,000万曲をお楽しみください。広告は表示されません。
Music
今すぐ開始

利用開始から3ヵ月間、無料でApple Musicを利用できるトライアルキャンペーンを実施しています（2021年10月現在）。

Apple Musicの利用を開始する

1 ホーム画面で🎵をタップし、<今すぐ聴く>をタップします。

2 <今すぐ開始>をタップします。

3 アカウントを確認し、<サブスクリプションに登録>をタップします。

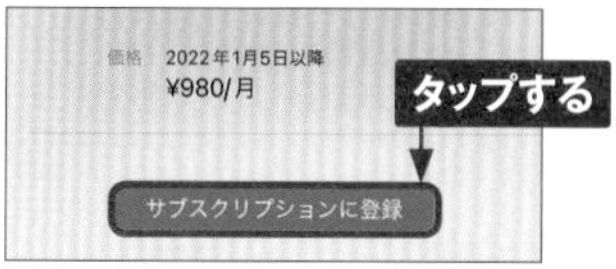

4 気になるジャンルとアーティストを画面に従って登録し、<完了>をタップするとApple Musicの利用が開始します。

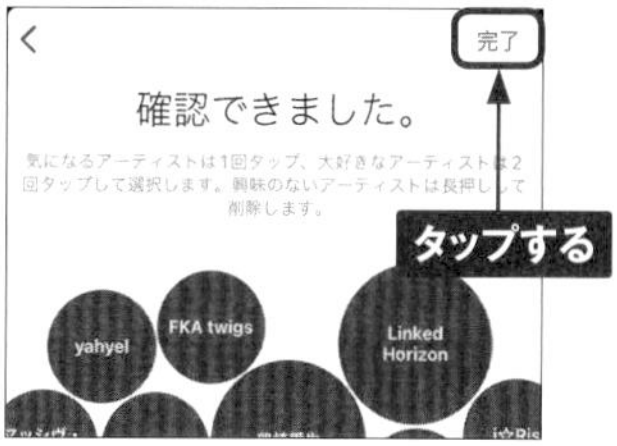

MEMO サブスクリプション購入のお知らせを確認する

Apple Musicのサブスクリプションを開始すると、Apple IDのメールアドレス宛に「サブスクリプションの確認」という件名でメールが届きます。このメールには、購入日や更新価格などが記載されているので、大切に保管しましょう。

6

Apple Musicで曲を再生する

1 ホーム画面から→<今すぐ聴く>の順にタップして、聴きたいプレイリストをタップします。

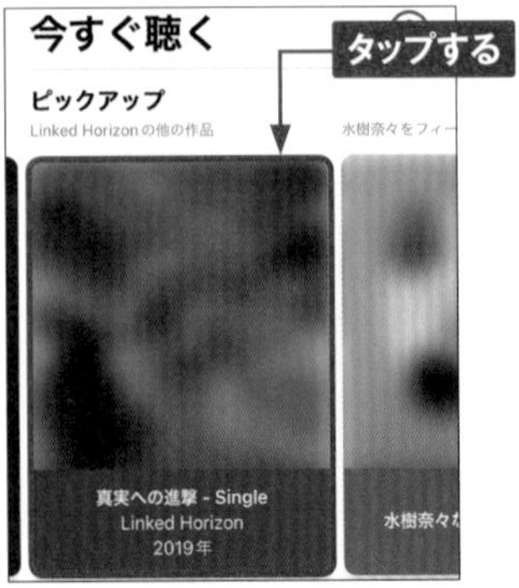

2 プレイリストの曲の一覧が表示されます。聴きたい曲をタップします。

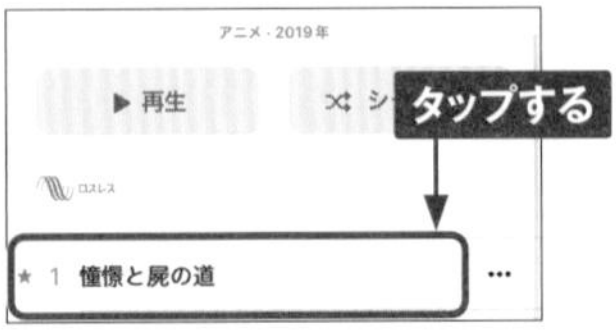

3 曲の再生が始まります。なお、曲を再生するにはWi-Fiに接続されている必要があります。をタップすると、再生が停止します。

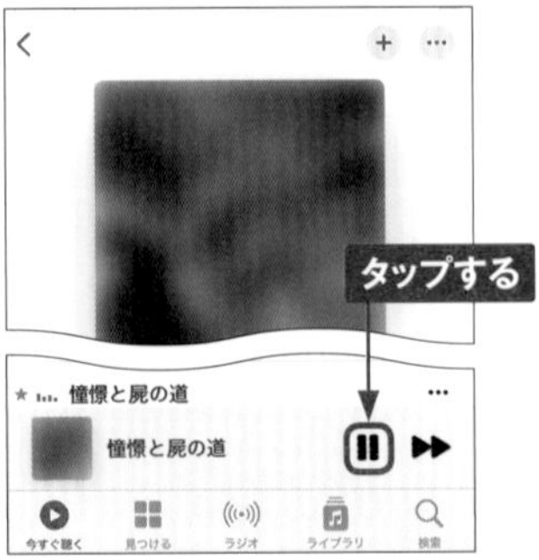

4 手順①の画面で好きなプレイリストをタップして、+をタップすると、曲をダウンロードできます。なお、曲のダウンロードには「ライブラリを同期」をオンにする必要があります。

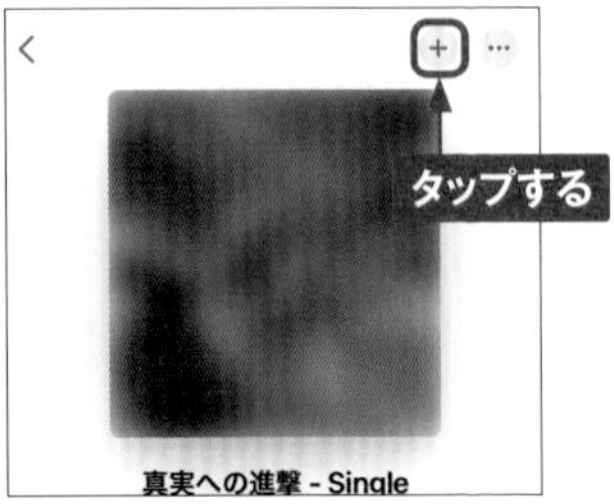

5 ダウンロードが完了すると、ライブラリからいつでも再生できるようになります。

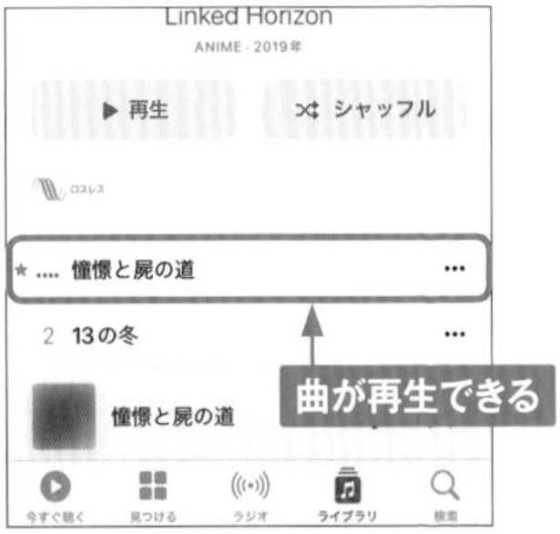

MEMO モバイル通信でストリーミングする

Wi-Fiに接続していないときに曲を再生したい場合は、ホーム画面で<設定>→<ミュージック>の順にタップし、「モバイルデータ通信」がになっていることを確認しましょう。

Apple Musicの自動更新を停止する

1 ホーム画面で→＜今すぐ聴く＞の順にタップし、をタップします。

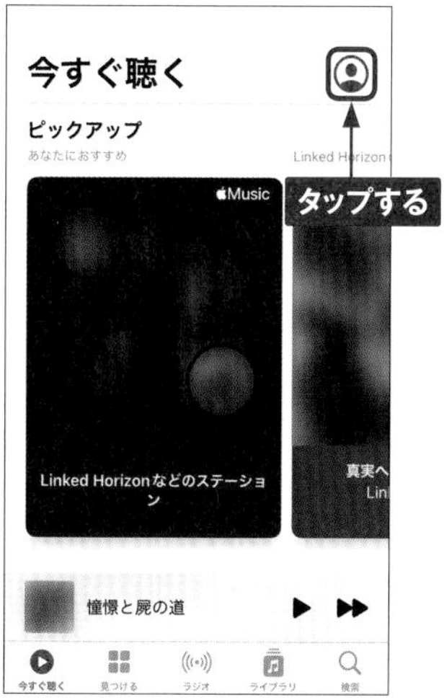

2 ＜サブスクリプションの管理＞をタップします。

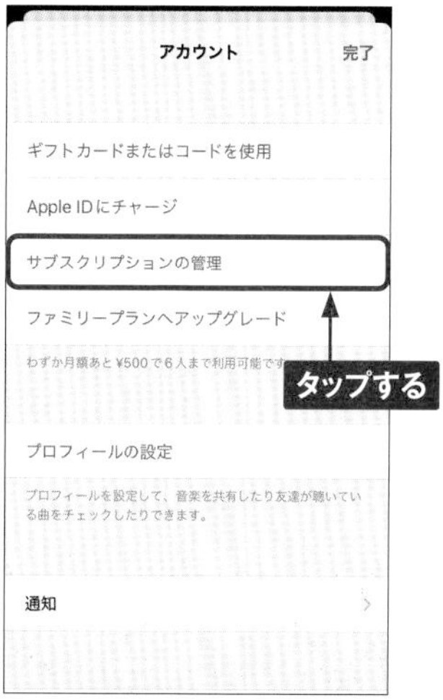

3 ＜無料トライアルをキャンセルする＞もしくは＜登録をキャンセルする＞をタップします。

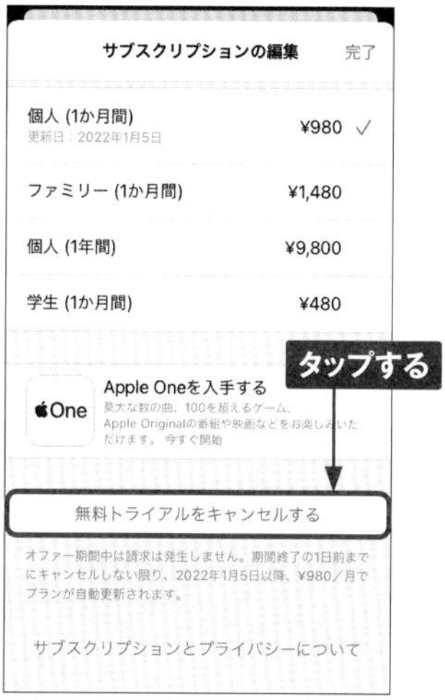

4 キャンセルの確認画面が表示されるので、＜確認＞→＜完了＞→＜完了＞の順にタップします。

写真を撮影する

iPhone SEには、背面・前面に各1つのカメラがあります。さまざまな機能を利用して、高画質な写真を撮影することが可能です。なお、シングルカメラでもポートレートモードで撮影できるようになりました。

iPhoneのカメラで写真を撮る

1 ホーム画面で＜カメラ＞→＜続ける＞の順にタップして、位置情報確認の画面が出たら＜Appの使用中は許可＞をタップします。

2 画面をピンチオープンすると、ズームすることができます。

3 ピントを合わせたい場所をタップします。タップした位置を中心に自動的に露出が決定されます。そのあとで画面を上下にスワイプすると、露出を変更できます。

4 ◯をタップすると、撮影が実行されます。

撮影機能を切り替える

1 画面上部の をタップします。

2 撮影機能が表示されます。

❶	フラッシュのオン／オフを切り替えます
❷	Live Photosのオン／オフを切り替えます
❸	大きさをスクエア／ 4：3 ／ 16：9のいずれかに設定します
❹	露出レベルを調整します
❺	3秒後または10秒後にタイマーを設定します
❻	フィルタを設定します

MEMO

Live Photosとは

Live Photosとは、タッチすると動く写真のことです。「Live Photos」をオンにして撮影すると、通常の写真の撮影と同じように をタップするだけで、 をタップする瞬間の前後1.5秒ずつ、合計3秒の映像と音声が保存されます。オフにしたい場合には、画面上部の をタップして、 にします。なお、Live Photosの写真は、iPhone、iPad、Macでないと再生できないため、それら以外の機種に送った場合は普通の写真として表示されます。

フィルタを設定して写真を撮る

1 P.131手順②の画面でをタップします。

2 フィルタを左右にスワイプすると、さまざまなフィルタが表示されます。

3 フィルタ（ここでは＜ビビッド（暖かい）＞）をタップし、をタップします。

MEMO 露出レベルを調整する

被写体が思ったよりも明るい／暗い場合は、露出レベルを設定することができます。P.131手順②の画面でをタップすると目盛りが表示されるので、左右にスワイプして調整します。P.130手順③の操作と異なるのは、＜カメラ＞アプリを終了するまで露出レベルが維持される点です。

セルフィを撮る

1 ホーム画面で<カメラ>をタップします。

2 をタップすると、前面側カメラに切り替わります。

3 ピントを合わせて、をタップします。

MEMO 反転したセルフィを撮る

撮影時にカメラのフレームの中で見ていた自分の姿をそのまま写したセルフィを撮ることができます。この機能を有効にするには、ホーム画面で<設定>→<カメラ>の順にタップし、「前面カメラを左右反転」をオンにしてください。

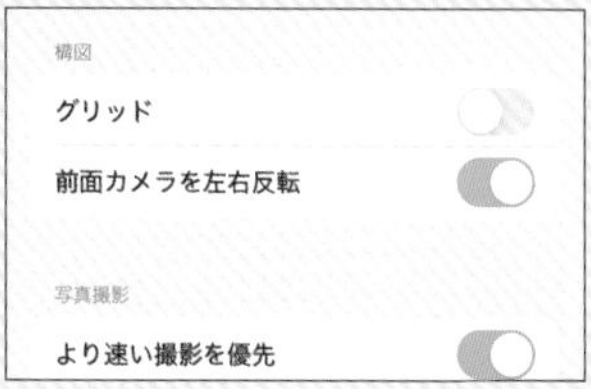

動画を撮影・編集する

iPhoneのカメラは、静止画だけでなく動画の撮影も可能です。ここでは、動画撮影とトリミングの方法を紹介します。なお、トリミングはiPhoneで撮影した動画でのみ可能です。

iPhoneのカメラで動画を撮る

1 ホーム画面で<カメラ>をタップし、カメラを起動します。撮影モードが「写真」になっているときは、画面を右方向に1回スワイプし、「ビデオ」に切り替えます。

2 をタップして撮影を開始します。撮影中は画面上部に撮影時間が表示されます。撮影中にピンチオープンすると、ズームできます。

3 をタップすると、動画の撮影を終了します。撮影した動画を確認するには、画面左下に表示されるサムネイルをタップします。

MEMO 動画撮影中に写真を撮る

動画の撮影中に画面右下のをタップすると、動画を撮影しながら写真を撮ることができます。

動画をトリミングする

1 P.134手順③でサムネイルをタップして、<編集>をタップします。なお、<写真>アプリの場合は<編集>の位置が異なります。

2 フレームの両端をそれぞれドラッグすると、動画の不要な箇所を削除することができます。黄色で囲まれた部分が動画ファイルとして残ります。

3 ✓→<ビデオを保存>の順にタップします。

4 トリミング処理が完了すると、アルバムに保存され、動画の再生画面に戻ります。

スローモーションで動画を撮る

1 ホーム画面で＜カメラ＞をタップし、カメラを起動します。撮影モードが「写真」になっているときは、画面を右方向に2回スワイプし、「スロー」に切り替えます。

2 をタップすると、撮影を開始します。撮影中は画面上部に撮影時間が表示されます。

3 をタップすると、動画の撮影が終了します。撮影した動画を確認するには、画面左下のサムネイルをタップします。

MEMO　フレーム数を変更する

ホーム画面で＜設定＞→＜カメラ＞→＜スローモーション撮影＞の順にタップします。＜1080p HD/120 fps＞または＜1080p HD/240 fps＞をタップして、フレーム数を切り替えることができます。なお、「1080p HD/240 fps」を利用するには、あらかじめホーム画面で＜設定＞→＜カメラ＞→＜フォーマット＞の順にタップし、「高効率」に切り替えておきます。

動画がスローモーションになる範囲を変更する

1 P.136手順③でサムネイルをタップして、<編集>をタップします。

2 「スロー」で撮影した動画には、メニューに白い目盛りが追加されています。▮を左右にドラッグします。

3 ▮の間隔が広く表示されているところがスローモーションで再生される範囲です。▶をタップすると、動画が再生されます。✓→<ビデオを保存>の順にタップすると保存されます。

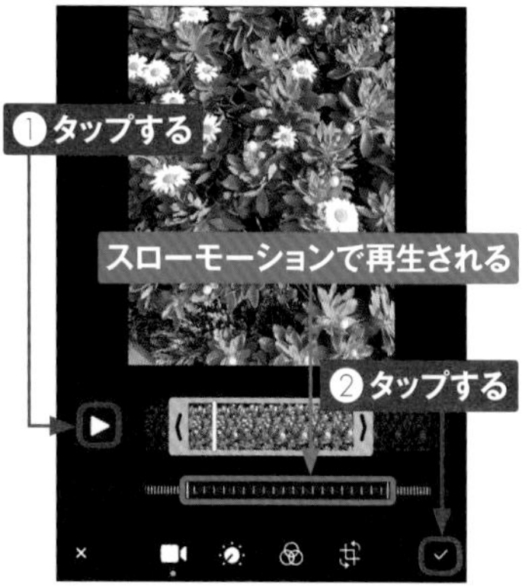

MEMO

4Kビデオを撮影する

ホーム画面で<設定>→<カメラ>→<ビデオ撮影>の順にタップし、<4K/○○ fps>をタップすると、フルHDビデオの4倍の解像度（3,840×2,160）で、撮影ができます。「4K/60 fps」を利用するには、あらかじめホーム画面で<設定>→<カメラ>→<フォーマット>の順にタップし、「高効率」に切り替えておきます。

6

写真・動画を閲覧する

コンパクトで持ち運びに便利なiPhone SEは、写真や動画の閲覧に最適です。撮影した写真や動画をiPhoneで楽しみましょう。＜写真＞アプリでは、さまざまな方法で写真や動画が分類されています。

写真を閲覧する

1 ホーム画面で＜写真＞をタップします。初回起動時は「"写真"の新機能」が表示されるので、＜続ける＞をタップします。

2 ライブラリをタップします。

3 上下にスワイプして閲覧したい写真を探して、タップします。

4 写真が表示されます。画像をダブルタップすると、拡大と縮小ができます。左右にスワイプすると、前後の写真が表示されます。

動画を閲覧する

① ホーム画面で＜写真＞をタップします。

② ＜ライブラリ＞をタップします。

③ 上下にスワイプして閲覧したい動画を探します。動画には右下に再生時間が表示されており、タップして動画を開くと自動的に再生されます。

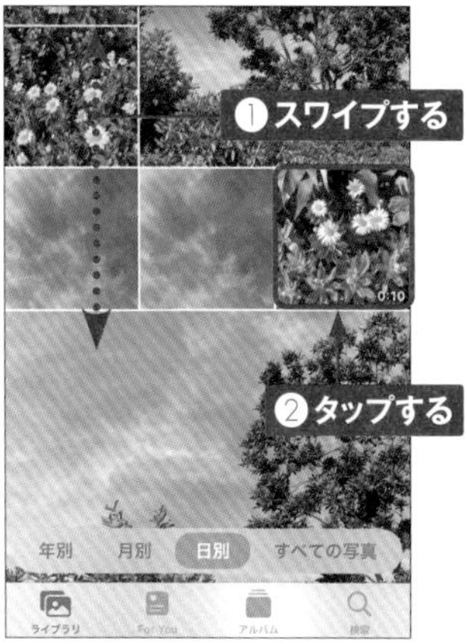

④ ❚❚をタップすると、一時停止され、▶をタップすると、再生されます。なお、🔊をタップすると、消音で再生されます。

「アルバム」タブで写真を閲覧する

1 ホーム画面で<写真>をタップし、画面下部の<アルバム>をタップします。

2 iPhone内のアルバムが表示されます。<最近の項目>をタップします。

3 閲覧したい写真をタップすると、表示されます。

MEMO 「お気に入り」アルバムに追加する

表示された写真の画面下部の♡をタップすると、手順②の画面で表示されている「お気に入り」アルバムに写真が追加されます。

「For You」タブで写真を閲覧する

1 ホーム画面で<写真>をタップし、画面下部の<For You>をタップして、<すべて表示>をタップします。

2 自動的に作成されたメモリーやメモリーに含まれる写真、撮影地などが表示されます。メモリーをタップします。

3 メモリーが再生されます。

4 手順③で画面をタップすると、曲の再生や停止、ミュージックの変更などの操作ができます。

5 手順④の画面で をタップすると、写真やタイトルなどを変更できます。

MEMO **おすすめ写真を確認する**

「For You」タブでは、メモリーのほかに、友だちと手軽に写真を共有することができます。アプリが写真に写っているイベントや場所を特定し、同一の写真をまとめてくれます。複数人で写っている写真では、それぞれの顔を認識して、その友だちと共有することをおすすめしてくれます。

写真の情報を確認する

1 ホーム画面で<写真>をタップし、情報を確認したい写真を表示します。ⓘをタップします。

2 画面を上方向にスワイプします。

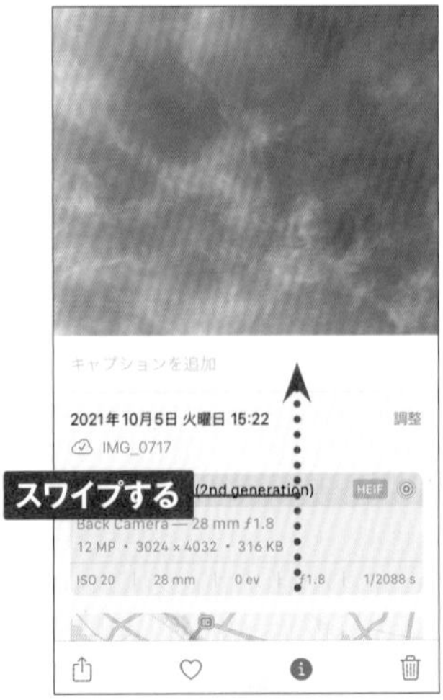

3 撮影日時、カメラ情報、撮影場所を示す地図が表示されます。なお、地図をタップすると、<マップ>アプリで詳細な位置を確認できます。

MEMO **写真にキャプションを付ける**

手順②の画面で<キャプションを追加>をタップすると、写真にキャプションを付けることができます。キャプションを入力し、<完了>をタップします。

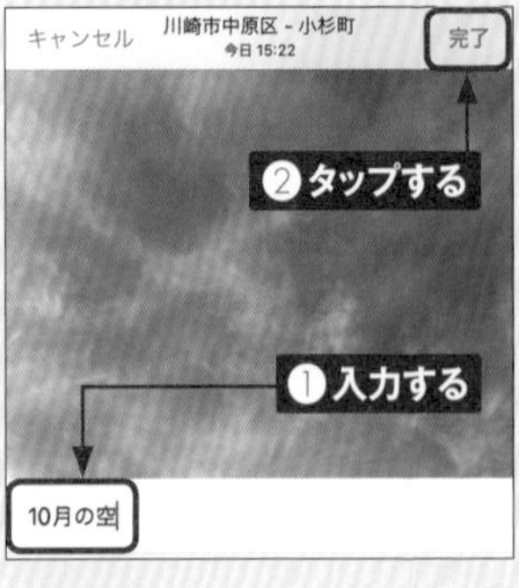

写真を検索する

1 ホーム画面で＜写真＞をタップし、画面下部の＜検索＞をタップします。位置情報の確認画面が表示されたら、＜許可しない＞または＜Appの使用中は許可＞をタップします。

2 検索したい写真や動画のキーワード（名前、日付、場所など）やP.142MEMOで付けたキャプションなどを入力し、＜検索＞をタップします。

3 該当する写真や動画が一覧表示されます。タップすると写真が表示されます。

MEMO 「ピープル」アルバムを活用する

P.140手順②の画面で「ピープルと撮影地」の＜ピープル＞をタップすると、人の顔が映った写真が自動的にまとめられる「ピープル」アルバムが表示されます。人物別に写真が区分けされているため、特定の人物の写真を探したい場合に便利です。

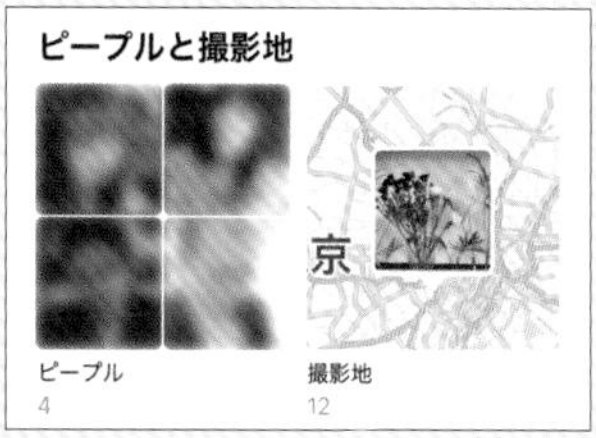

アルバムを作成する

特定の写真を1つにまとめて整理したい場合は、アルバムを新規作成して、写真を追加します。なお、自動的に作成されるアルバムは編集できません。

アルバムを新規作成する

1 ホーム画面で＜写真＞をタップし、＜アルバム＞をタップします。

2 画面左上の＋をタップして、＜新規アルバム＞をタップします。

3 「新規アルバム」画面が表示されるので、アルバムの名前を入力します。

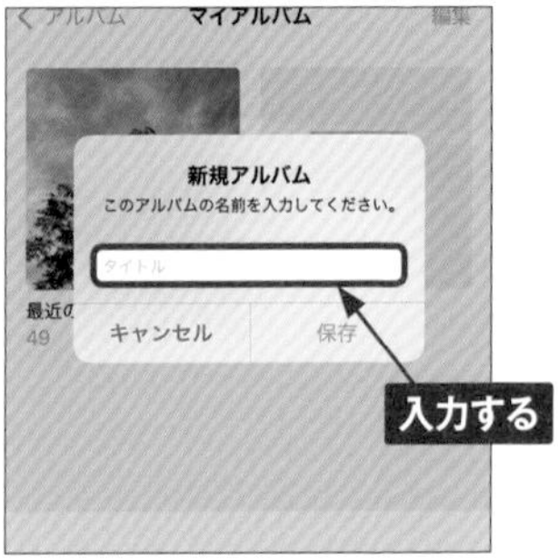

4 ＜保存＞をタップします。

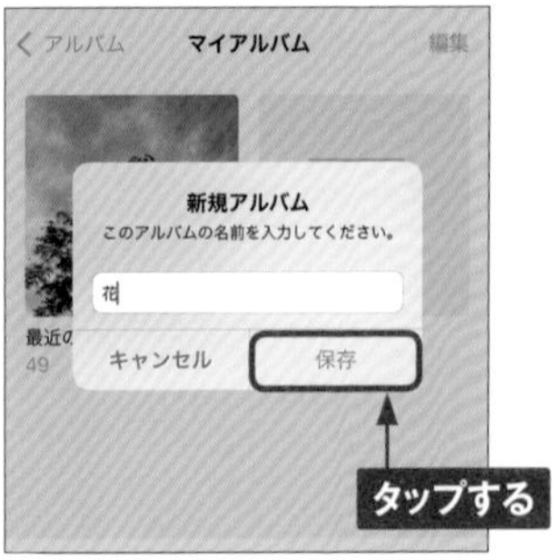

5 「すべての写真」画面が表示されます。アルバムへ入れる写真をタップしてチェックを付けます。<完了>をタップすると、アルバムに写真が追加されます。

6 アルバムが作成されます。アルバム内の写真を閲覧するときは、アルバム（ここでは<花>）をタップします。

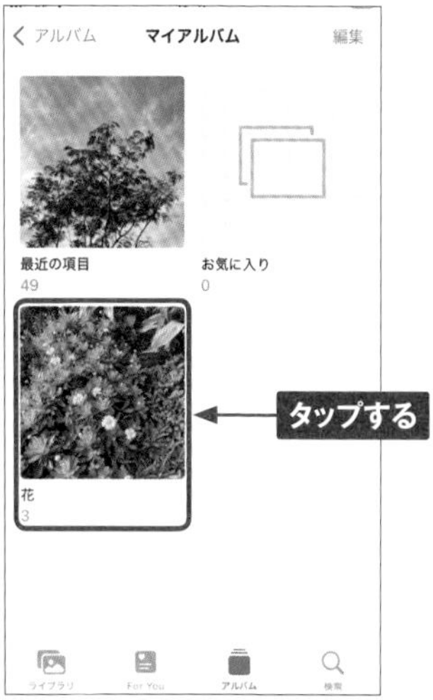

7 アルバムの写真が一覧で表示されます。

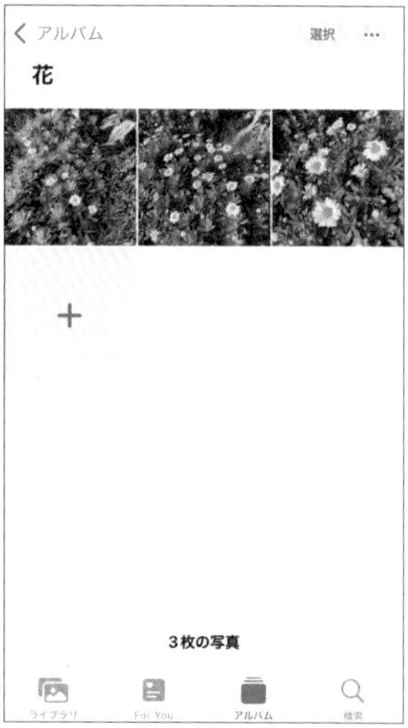

MEMO

写真をまとめて選択する

手順⑤の画面で写真を選択する際、写真上で指を上下左右にスライドすると、連続した写真をまとめて選択することができます。

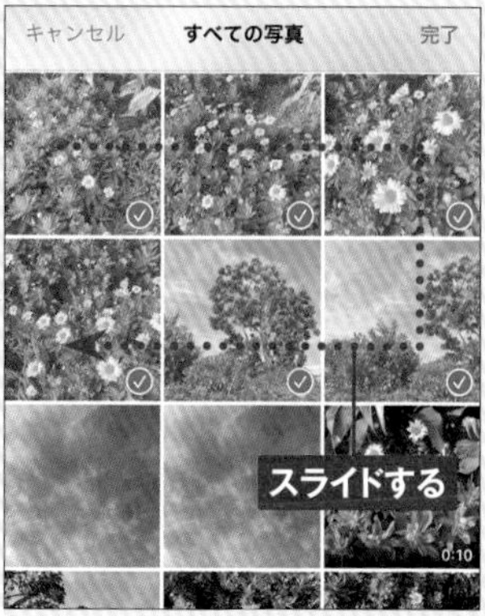

アルバムに写真を追加する

1 ホーム画面で<写真>→<ライブラリ>の順にタップし、画面右上の<選択>をタップします。

2 アルバムへ追加する写真をタップしてチェックを付け、⬆→<アルバムに追加>の順にタップします。

3 写真を追加するアルバムをタップします。なお、選択できるのは自分で作成したアルバムのみです。

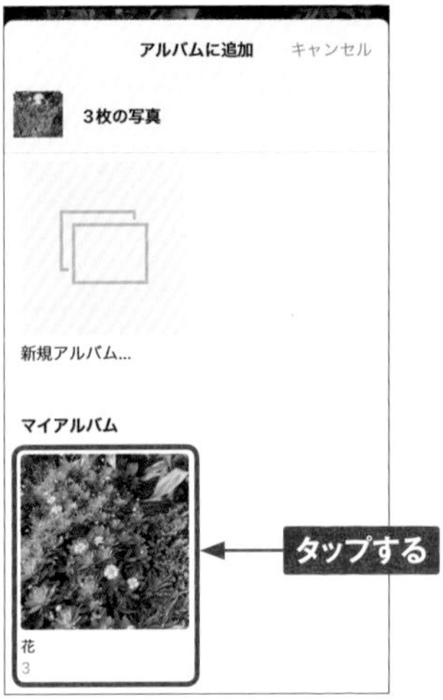

4 手順③で選択したアルバムに写真が追加されます。

アルバムを編集する

1 ホーム画面で<写真>をタップし、<アルバム>→<すべて表示>の順にタップし、<編集>をタップします。

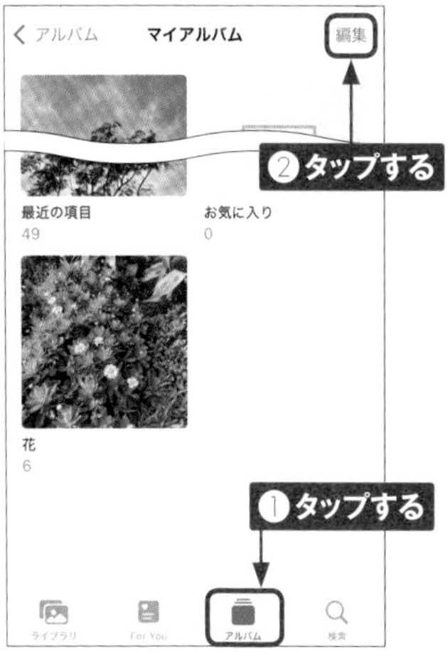

2 アルバムを編集する画面が表示されます。アルバムをタップしてからドラッグすると、自分で作成したアルバムの位置を変更できます。

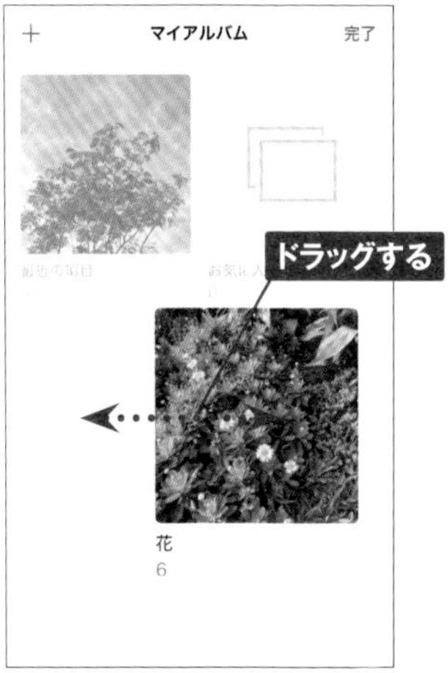

3 アルバムの名前をタップすると、アルバム名を変更できます。<完了>をタップすると、編集が完了します。

MEMO 作成したアルバムを削除する

手順③の画面で⊖をタップし、<アルバムを削除>をタップすると、アルバムが削除されます。なお、アルバムを削除しても、もとの写真はiPhoneから削除されません。

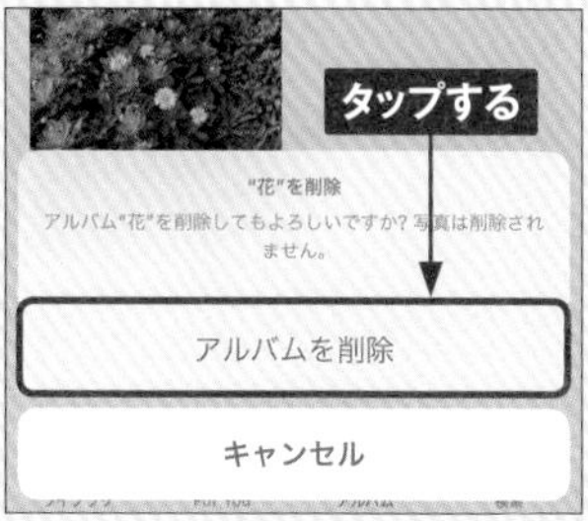

Section 39

写真を編集・補正する

iPhone内の写真を編集してみましょう。明るさの自動補正のほか、傾き補正や「フィルタ」、「調整」などを利用できます。なお、動画でも同様の編集が行えます。

明るさを自動補正する

① 編集したい写真を表示して、画面右上の＜編集＞をタップします。

② をタップします。

③ がに変わり、明るさが自動補正されます。をタップすると、写真が保存されます。

MEMO **そのほかの補正機能**

手順③の画面でをタップすると、写真内に手書き入力ができます。また、をタップすると、撮影後の写真にフィルタを設定することができます。

写真をトリミングする

1 P.148手順①の画面で、画面右上の<編集>をタップします。

2 をタップします。

3 傾きがある場合は自動で補正されます。画面左上の をタップするごとに写真が90度回転します。

4 画面下部の目盛り部分を左右にドラッグすると、好きな角度で写真を回転させることができます。画面上部の<戻す>をタップすれば、オリジナルの状態に戻ります。

5 枠の四隅をドラッグしてトリミング位置を調整し、 をタップすると写真が保存されます。

Section 40

写真を削除する

写真が増え過ぎてしまった場合は、写真を削除しましょう。写真は、1枚ずつ削除するほかに、まとめて削除することもできます。また、削除した写真は、30日以内であれば復元することができます。

写真を削除する

1 ライブラリやアルバムを開き、<選択>をタップします。

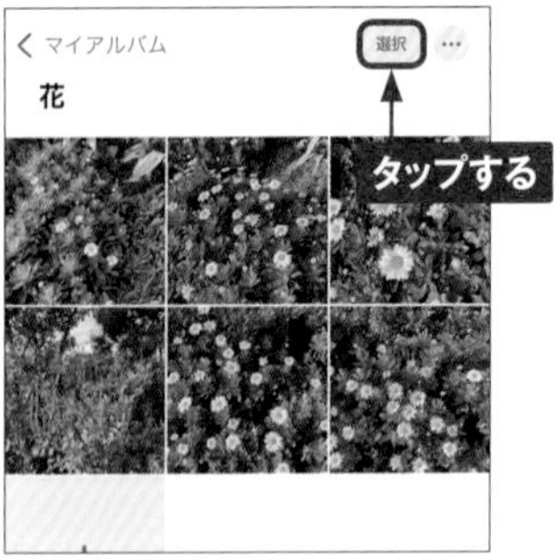

2 削除したい写真をタップしてチェックを付け、画面右下の🗑をタップします。

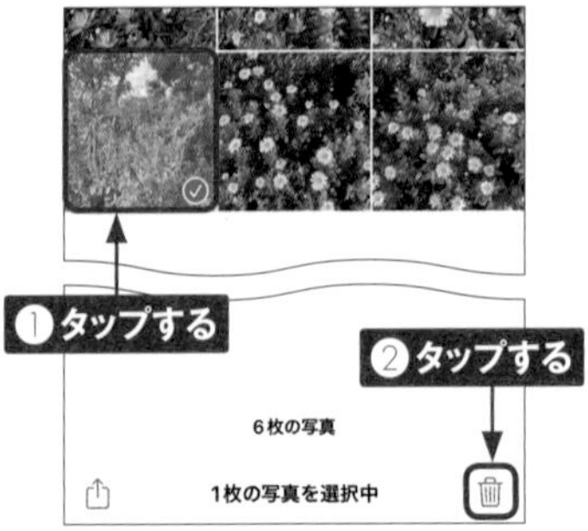

3 アルバムから削除するかどうか聞かれた場合は<アルバムから削除>もしくは<削除>をタップします。<○枚の写真を削除>をタップすると、チェックを付けた写真が削除されます。

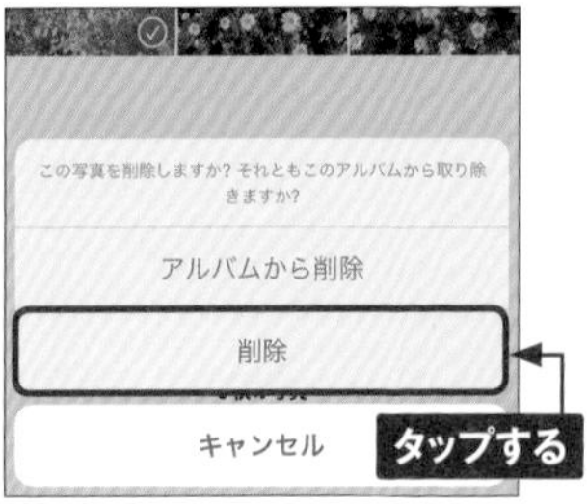

MEMO 削除した写真を復元する

削除した写真は、30日間は「アルバム」画面のいちばん下にある「最近削除した項目」アルバムで保管されます。写真を復元したい場合は、<選択>をタップし、復元したい写真にチェックを付け、<復元>→<写真を復元>の順にタップします。

Chapter 7

アプリを使いこなす

Section 41

App Storeで アプリを探す

iPhoneにアプリをインストールすることで、ゲームや読書を楽しんだり、機能を追加したりできます。＜App Store＞アプリを使って気になるアプリを探してみましょう。

キーワードからアプリを探す

1 ホーム画面で＜App Store＞→＜続ける＞の順にタップします。広告について確認を求められたら、＜パーソナライズされた広告をオンにする＞または＜パーソナライズされた広告をオフにする＞をクリックします。位置情報の確認を求められたら、＜Appの使用中は許可＞をタップします。

2 ＜検索＞をタップします。

3 画面上部の入力フィールドに検索したいキーワードを入力して、＜検索＞をタップします。

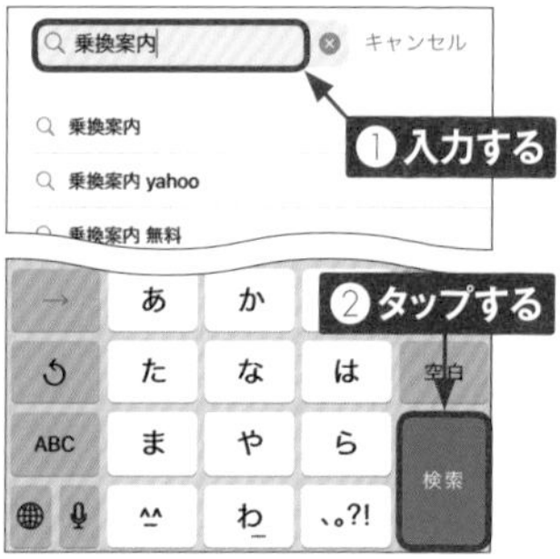

4 検索結果が表示されます。検索結果を上方向にスワイプすると、そのほかのアプリが表示されます。

ランキングやカテゴリからアプリを探す

1 P.152手順②の画面で＜App＞をタップします。

2 新着アプリや有料や無料アプリなどを確認できます。画面を上方向にスワイプします。

3 「トップカテゴリ」の＜すべて表示＞をタップすると、カテゴリが一覧で表示されます。ここでは、＜ニュース＞をタップします。

4 タップしたカテゴリのアプリが表示されます。画面を上方向にスワイプすると、有料や無料のアプリを確認できます。

アプリをインストール・アンインストールする

ここでは、App Storeでアプリを購入して、iPhoneにインストールする方法を紹介します。アプリのアンインストール、アップデートの方法もあわせて紹介します。

無料のアプリをインストールする

1 検索結果から、入手したい無料のアプリをタップします。

2 アプリの説明が表示されます。<入手>をタップします。

3 <インストール>をタップします。

MEMO Touch IDでアプリをインストールする

Touch IDを設定すると、手順④でApple IDのパスワードを入力する代わりに、Touch IDを利用して、アプリをインストールすることができます（Sec.66参照）。

4 Apple ID（Sec.15参照）のパスワードを入力し、<サインイン>をタップします。

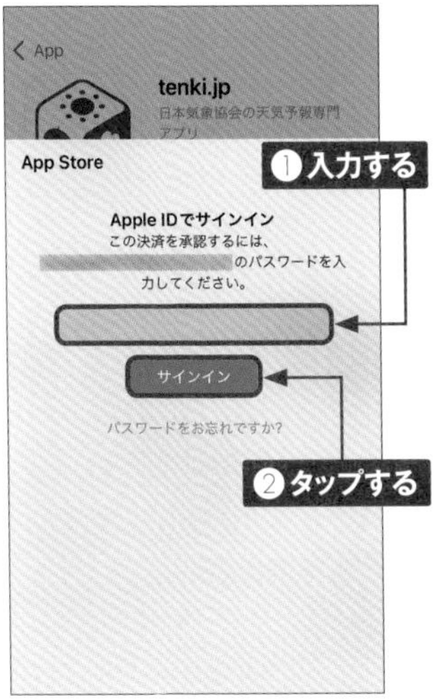

5 「このデバイス上で追加の購入を行うときにパスワードの入力を要求しますか?」と表示されるので、<常に要求>または<15分後に要求>をタップします。

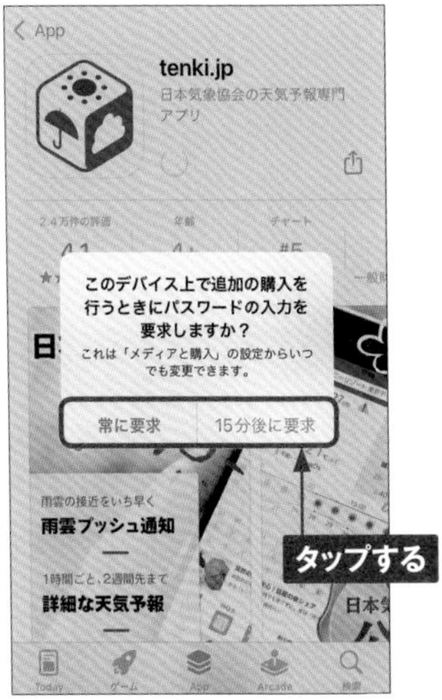

6 インストールが自動で始まり、インストールが終わると、ホーム画面にアプリが追加されます。

MEMO

有料のアプリを購入する

P.154手順①を参考に有料のアプリをタップして、アプリの価格をタップし、<支払い>をタップすると、手順⑥と同様にアプリがインストールされます。

アプリをアンインストールする

1 ホーム画面でアンインストールしたいアプリをタッチします。

2 ＜Appを削除＞をタップします。

3 「“○○”を取り除きますか?」と表示されるので、＜Appを削除＞をタップします。

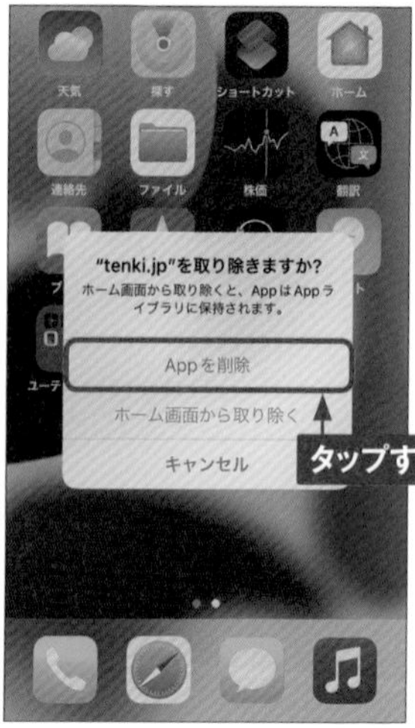

4 ＜削除＞をタップします。

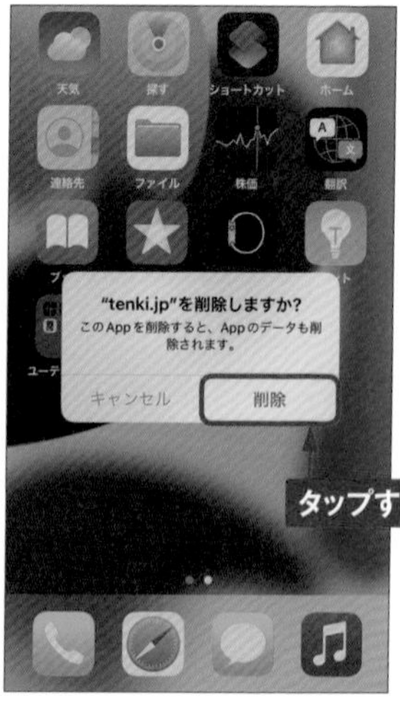

アプリをアップデートする

1 ＜App Store＞アプリを起動し、＜Today＞をタップして、をタップします。

2 アップデートがある場合は、「利用可能なアップデート」にアップデートできるアプリの一覧が表示されます。アプリをタップします。

3 ＜アップデート＞をタップすると、アプリのアップデートが開始されます。

MEMO アプリの自動アップデートをオフにする

アプリは、Wi-Fi接続をしているときのみ自動更新される設定になっています。自動更新をオフにするには、ホーム画面で＜設定＞→＜App Store＞の順にタップし、「Appのアップデート」のをタップして、にします。

カレンダーを利用する

iPhoneの＜カレンダー＞アプリでは、イベントを登録して指定した時間に通知させたり、ウィジェットにカレンダーや今日の予定を表示させたりすることができます。

イベントを登録する

1 ホーム画面で＜カレンダー＞をタップします。初回起動時は新機能の紹介が表示されるので、＜続ける＞をタップします。

2 位置情報の確認画面が表示されたら＜Appの使用中は許可＞をタップし、画面右上の＋をタップします。

3 「タイトル」と「場所」を入力し、＜開始＞をタップします。場所を入力する際に位置情報サービスの画面が表示されたら、P.64MEMOを参考に設定します。

4 開始時刻を設定し、＜追加＞をタップします。必要であれば終了時刻を設定します。

5 イベントが追加されます。

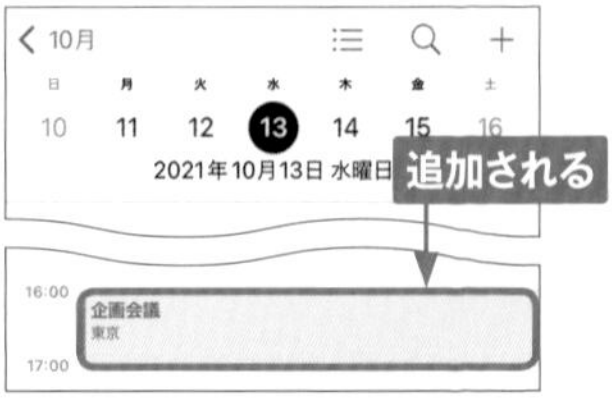

イベントを編集する

1 P.158手順⑤の画面で、登録したイベントをタップします。

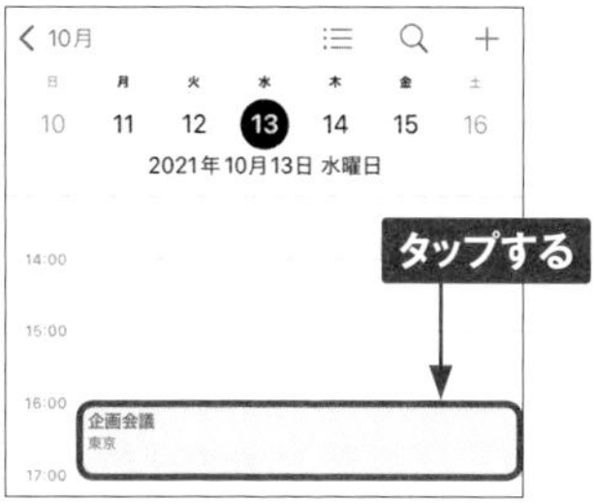

2 <編集>をタップします。

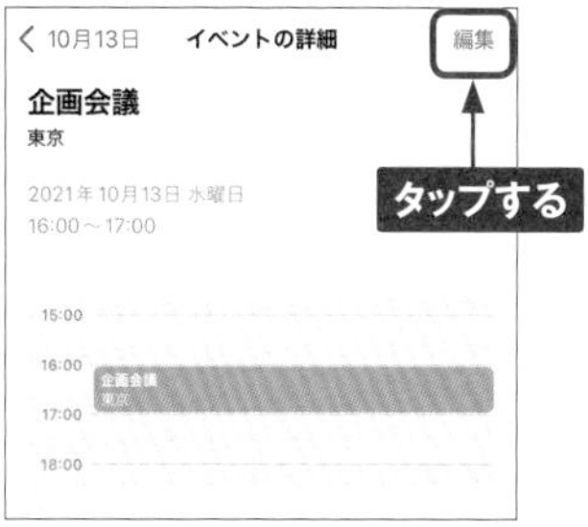

3 編集したい箇所をタップします。ここでは、<通知>をタップします。

4 通知させたい時間をタップします。ここでは<1時間前>をタップします。

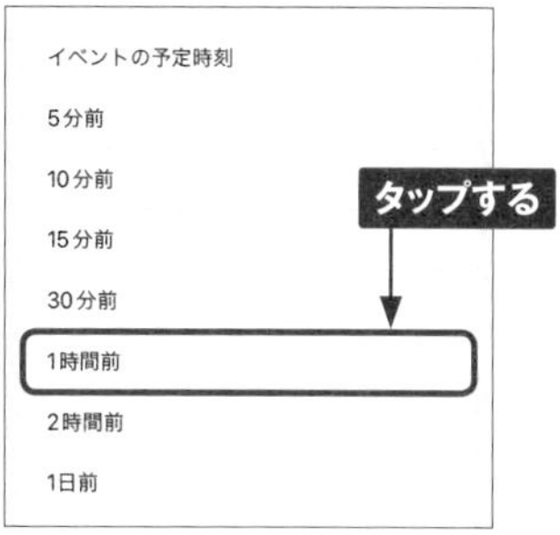

5 <完了>をタップすると、編集が完了します。

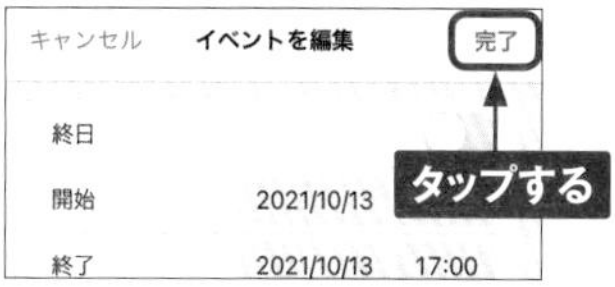

MEMO ウィジェットでカレンダーを確認する

ホーム画面やウィジェット画面にカレンダーのウィジェットを追加しておくと、カレンダーや登録した予定をひと目で確認できます。

イベントを削除する

1 ホーム画面から＜カレンダー＞をタップし、削除したいイベントをタップします。

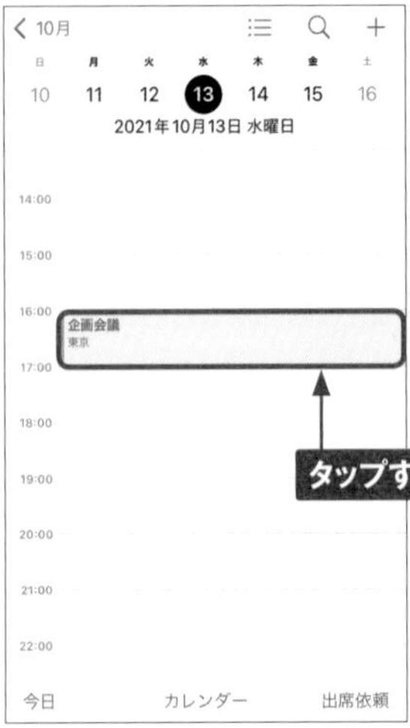

2 「イベントの詳細」画面が表示されるので、＜イベントを削除＞をタップします。

3 ＜イベントを削除＞をタップします。

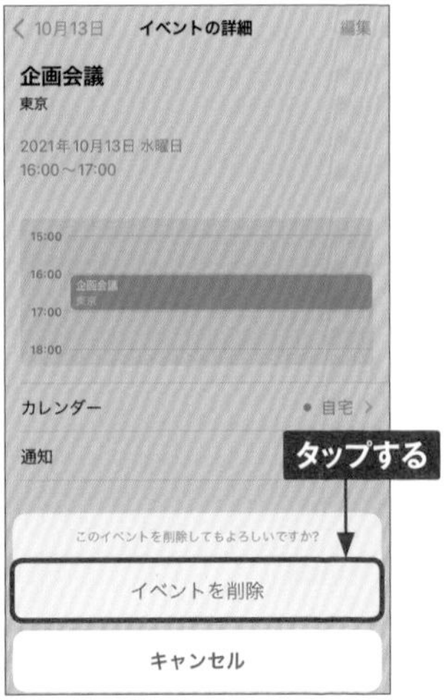

MEMO イベントを検索する

手順①の画面でをタップし、入力欄に検索したいイベント名の一部を入力して＜検索＞をタップすると、登録したイベントを検索できます。

カレンダーの表示を切り替える

1 ホーム画面から<カレンダー>をタップし、画面左上の<月>（ここでは<10月>）をタップします。

2 カレンダーが月表示に切り替わりました。<日付>（ここでは<13>）をタップします。

3 タップした日の予定が表示されます。画面右上の☰をタップします。

4 イベントの一覧表示に切り替わりました。再度☰をタップすると、手順③の画面に戻ります。

Section 44

メモを利用する

iPhoneの＜メモ＞アプリでは、通常のキーボード入力に加えて、スケッチの作成や、写真の挿入などが可能です。iCloudと同期すれば、作成したメモをAppleのほかの製品と共有できます。

メモを作成する

① ホーム画面で＜メモ＞をタップします。初回起動時は説明画面が表示されるので、＜続ける＞をタップします。

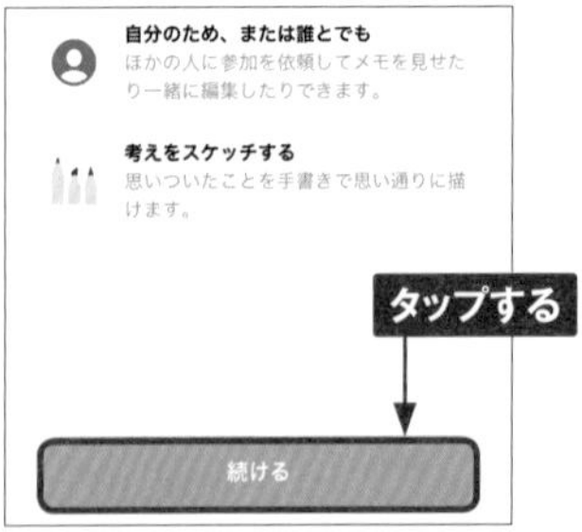

② をタップします。

③ 新規メモの作成画面が表示されます。キーボードで、文字や絵文字を入力することができます。入力が完了したら、＜完了＞をタップし、保存します。

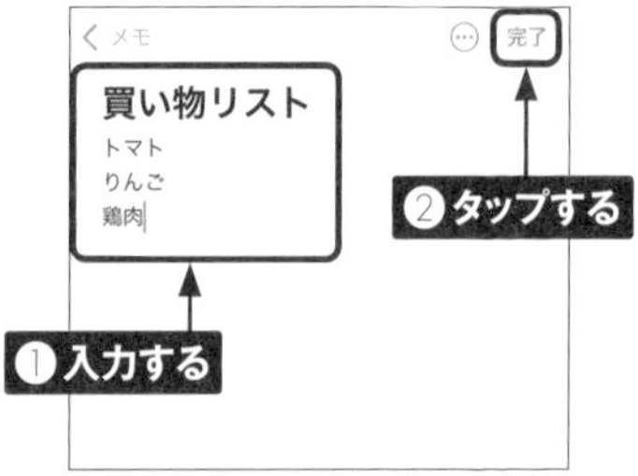

④ 手順③の画面でAaをタップすると、下のメニューから文字の大きさや太さ、装飾などを選ぶことができます。

<メモ>アプリの機能

●手書きスケッチ

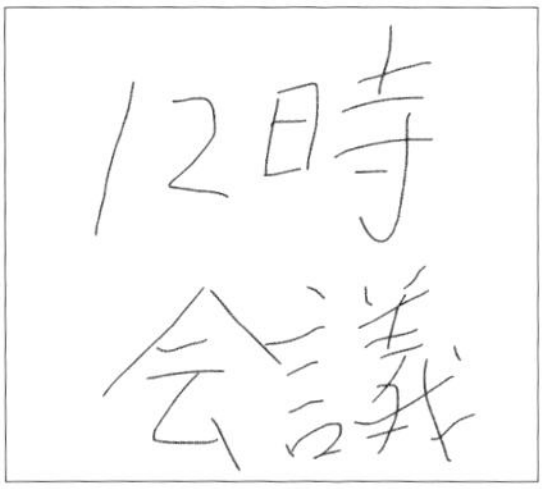

P.162手順③の画面でをタップすると、手書き入力モードに切り替わります。画面をドラッグすることで、文字や絵を描くことが可能です。また、画面下部に表示されているペンをタップすることで、ペンの種類を変更できます。をタップすると消しゴムを利用でき、をタップして文字を囲むと、囲んだ文字の移動ができます。

●写真内の文字検索

P.162手順③の画面でをタップし<書類をスキャン>をタップしてメモに読み込んだ写真内の文字（英数字）は自動的に解析され、P.162手順②の画面で検索することができます。写真やスクリーンショットであれば文字認識の対象になりますが、本書執筆時点では日本語表記（かな／漢字）の文字認識には対応していません。

●図形認識

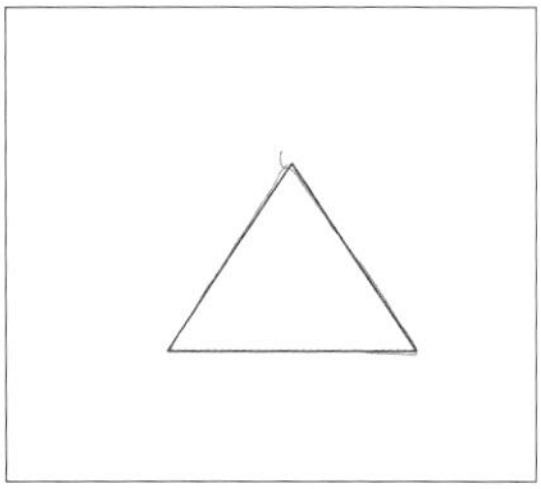

手書き入力モードの際、自由に描いた図を直線や三角形などの図形として認識する機能が付いています。画面をドラッグし、一筆で図を描きます。そのまま画面から指を離さずにいると自動で図形に認識してくれるので、任意の図形に認識されたら指を離します。

●メモのピン留め

メモ一覧の画面を表示し、ピン留めしたいメモを右方向にスワイプして、をタップします。すると、メモ一覧の上部に、選択したメモが固定されて表示されます。ピン留めを外す場合は、固定されたメモを右方向にスワイプし、をタップします。

Section 45

地図を利用する

iPhoneでは、位置情報を取得して現在地周辺の地図を表示できます。地図の表示方法も航空写真を合わせたものなどに変更して利用できます。

現在地周辺の地図を見る

① ホーム画面で<マップ>をタップします。初回起動時は新機能の紹介が表示されるので、<続ける>をタップします。

② 位置情報に関する画面が表示された場合は、P.64MEMOを参考に設定します。ここでは<Appの使用中は許可>をタップします。

③ マップの改善に関する画面が表示されたら、<許可><許可しない><詳しい情報...>から選んでタップします。 をタップします。

④ 現在地が青色の点で表示されます。地図を拡大表示したいときは、拡大したい場所を中心にピンチオープンします。画面の範囲外を見たいときは、ドラッグすると地図を移動できます。

地図を利用する

表示方法を切り替える

1 をタップします。

2 <航空写真>をタップします。

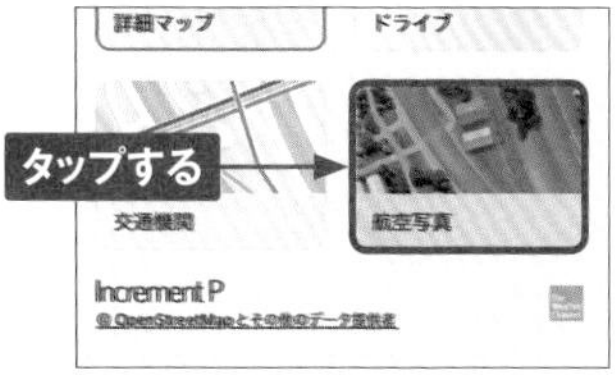

3 地図情報と航空写真を重ねた画面が表示されます。

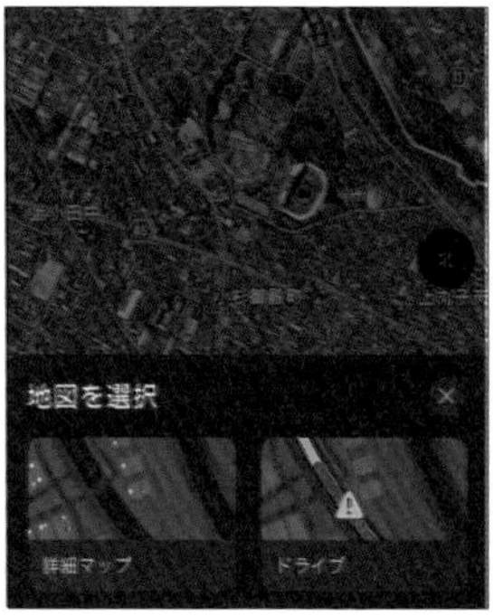

建物の情報を表示する

1 建物やお店の名称をタップします。

2 建物やお店の名称、写真などが表示されます。上方向にスワイプすると、住所や電話番号などの詳細な情報が表示されます。

経路を検索する

1 <マップで検索>をタップします。

2 場所の名前や住所を入力して、表示された検索候補をタップします。

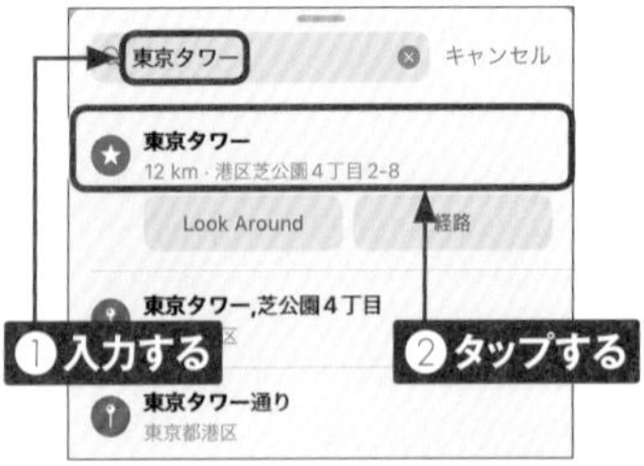

3 検索した場所の詳細が表示されます。をタップします。「安全に目的地に到達するために」画面が表示されたら<OK>をタップします。

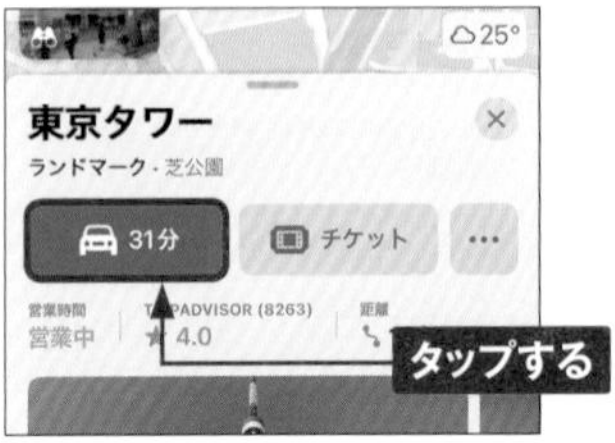

4 現在地から目的地までの現在時刻の自動車での経路が表示されます。<現在地>をタップして出発地を入力し、<経路>をタップします。<今すぐ出発>をタップして時刻を設定し、<完了>をタップします。電車を利用する場合はをタップします。

5 電車での経路が表示されます。経路をタップすると詳細が表示されます。

「Look Around」モードを利用する

1 P.166手順②の画面で、場所の名前や住所を入力して、表示された検索候補をタップします。

2 検索した場所の詳細が表示されます。をタップします。

3 「Look Around」モードになります。画面の上で指を上下左右にスワイプすると、周辺の風景を360度見渡せます。をタップします。

4 画面の上半分だけ「Look Around」モードになり、地図も同時に確認できます。「Look Around」モードを終了するには、<完了>をタップします。

Section 46

テキストや会話を翻訳する

「翻訳」アプリでは、テキストや音声で、任意の言語に翻訳することができます。また、iPhone本体を横向きにして持つことで会話の言語を自動認識して翻訳することも可能です。

テキストを翻訳する

1 ホーム画面で<翻訳>をタップします。初回起動時は、アプリの概要の画面が表示されるので<続ける>をタップし、「Siriおよび音声入力の改善」画面では、<オーディオ録音を共有>または<今はしない>をタップします。

2 <翻訳>をタップします。

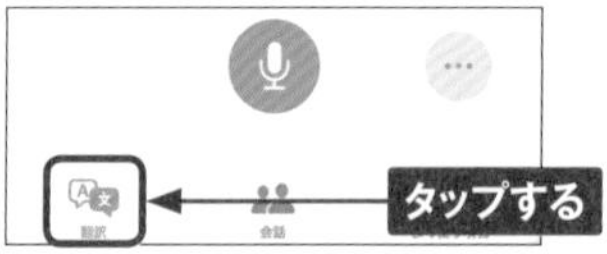

3 画面左上の言語名の∨をタップし、翻訳前の言語をタップして選択します。同様に、画面右上の言語名の∨をタップし、翻訳後の言語をタップして選択します。

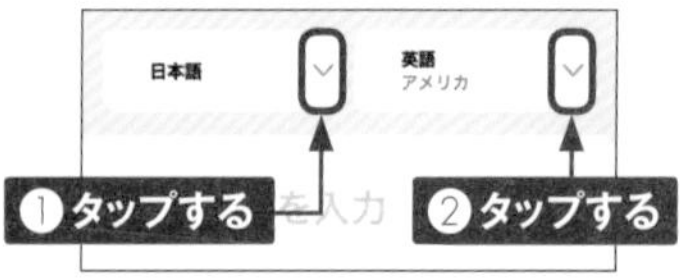

4 翻訳したいテキストを入力し、<開く>をタップします。

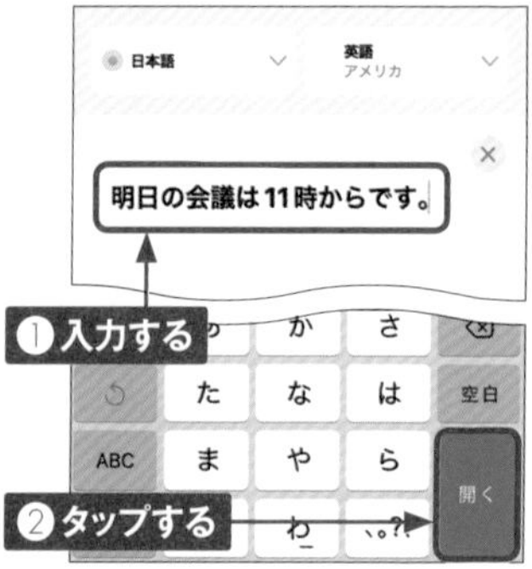

5 翻訳されたテキストが表示されます。なお、音声を翻訳する場合は、画面下部のをタップし、マイクに向かって話すと、翻訳することができます。

会話を翻訳する

1 <会話>をタップし、🎙をタップします。

2 「聞き取り中…」と表示されるので、翻訳したい会話を聞き取らせます。

3 翻訳されたテキストが表示されます。以降の会話も同様に、🎙をタップして聞き取らせて翻訳します。

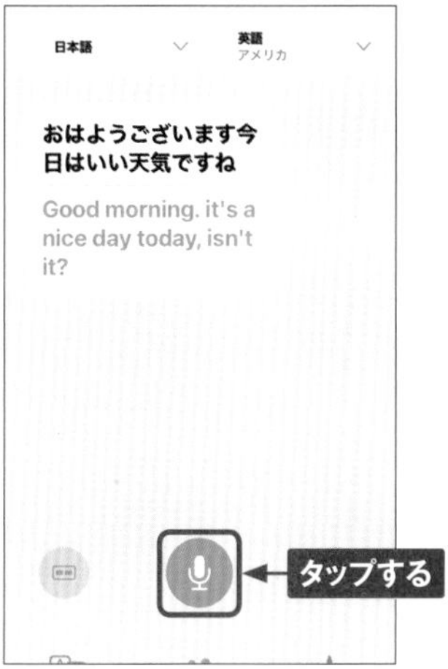

MEMO **オフラインで使用する**

あらかじめ言語をダウンロードしてオフラインで使用することもできます。P.168手順③の画面で、言語名の⌄をタップし、<言語を管理>をタップし、翻訳用にダウンロードしたい言語の⊕をタップすると、ダウンロードできます。

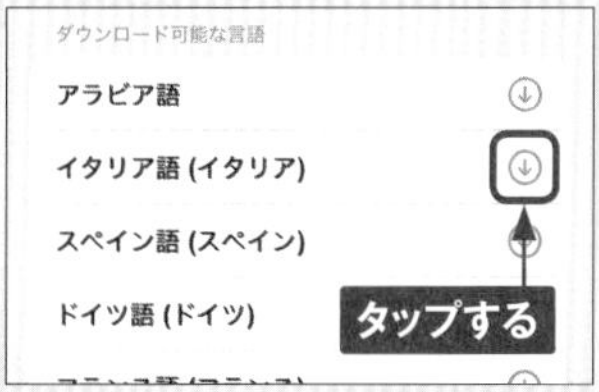

Section 47

Apple PayでSuicaを利用する

Apple Payに対応したデバイスにSuicaやクレジットカードを登録しておくと、交通機関を利用するときや、店舗で買い物をするときにスムーズに支払いができるので便利です。

<ウォレット>アプリにクレジットカードを登録する

1 ホーム画面で<ウォレット>をタップします。位置情報の確認画面が表示されたら<Appの使用中は許可>をタップします。

2 <追加>をタップします。Touch IDを設定していない場合は、Sec.66を参考にして設定します。

3 <クレジットカードなど>→<続ける>の順にタップします。

4 iPhoneのファインダーに登録したいカードを写します。

5 「カード詳細」画面で「名前」の欄をタップしてカードの名義を入力し、<次へ>をタップします。

6 有効期限とセキュリティコードを入力して、<次へ>をタップします。

7 「利用条件」画面が表示されたら、内容を確認し、<同意する>をタップします。

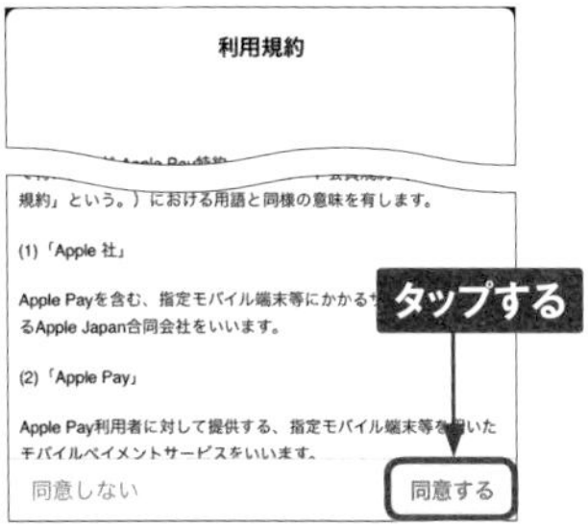

8 <次へ>をタップします。

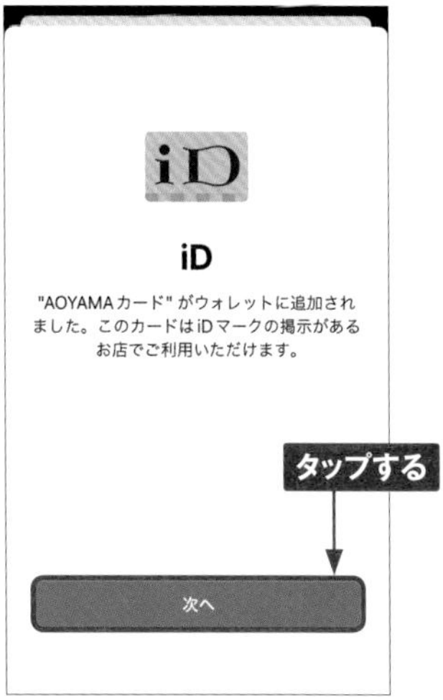

9 「カード認証」画面が表示されたら、画面の指示に従って認証を行います。

Suicaを発行する

1 Sec.42を参考に事前にiPhoneに＜Suica＞アプリをインストールしておき、ホーム画面でタップして起動します。

2 ⊕または＜Suica発行＞をタップします。

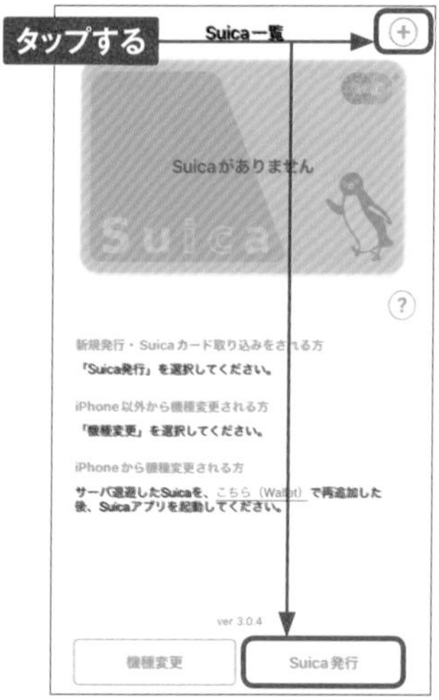

3 左右にスワイプして、作成したいSuicaの種類（ここでは＜Suica（無記名）＞）を選択して、＜発行手続き＞をタップします。

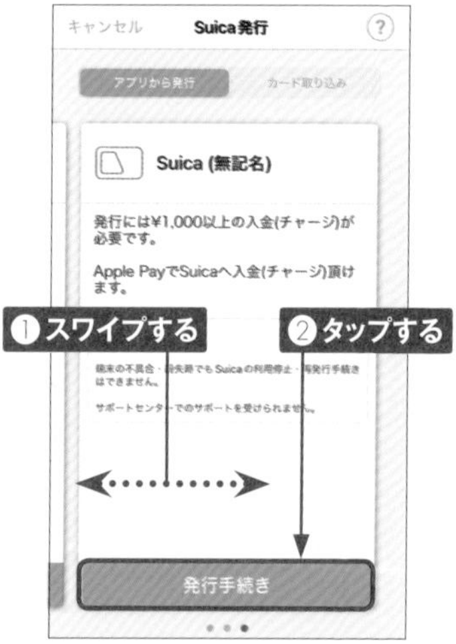

4 注意事項を確認し、問題なければ＜次へ＞→＜同意する＞の順にタップします。

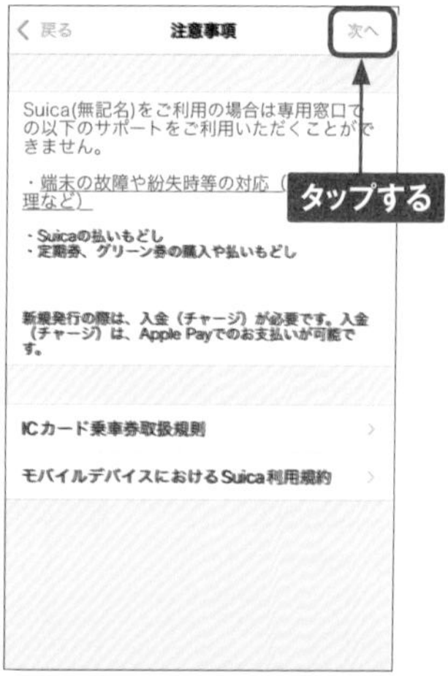

5 Suicaにチャージする金額を設定します。＜金額を選ぶ＞をタップします。

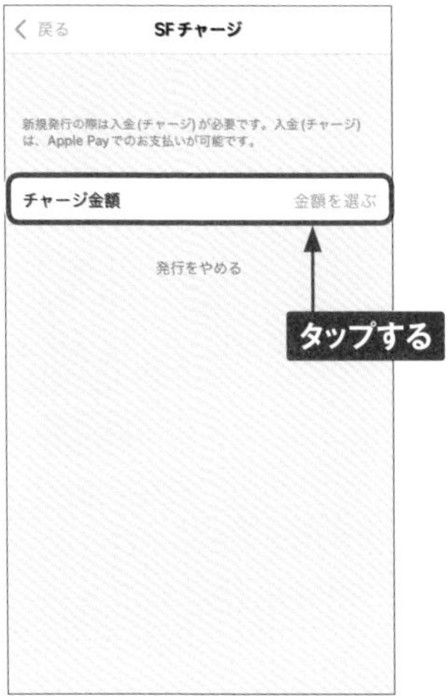

6 チャージしたい金額をタップします。

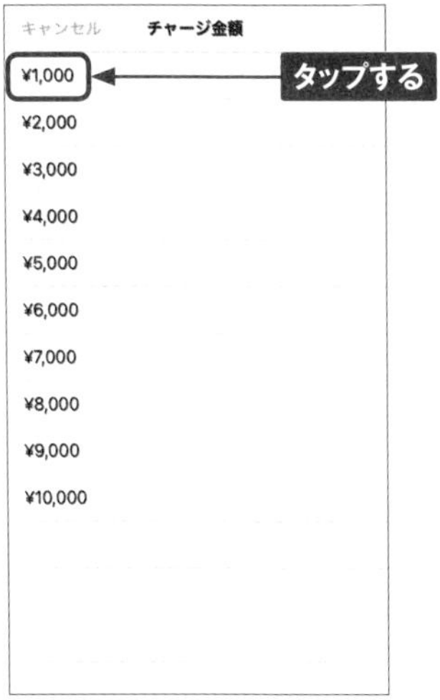

7 ＜Payでチャージ＞をタップし、画面の指示に従って支払いをします。

MEMO

Suicaを取り込む

手元にあるSuicaを取り込みたい場合は、P.172手順③の画面で、＜カード取り込み＞をタップします。＜発行手続き＞→＜交通系ICカード＞→＜Suica＞→＜続ける＞→＜お手持ちのカードを追加＞の順にタップし、画面の指示に従ってカードの情報を入力したら、＜次へ＞→＜同意する＞の順にタップします。Suicaカードの上にiPhoneを置いて取り込みましょう。なお、この操作を行うと、手元のSuicaカードは無効になり、利用できなくなります。

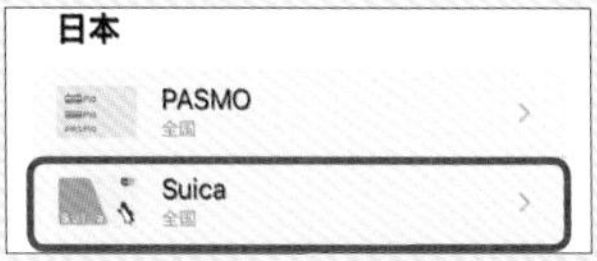

＜ウォレット＞アプリからSuicaにチャージする

1 ホーム画面で＜ウォレット＞をタップします。

2 チャージしたいSuicaをタップします。

3 画面右上の⊖をタップします。

4 ＜チャージ＞をタップし、画面の指示に従って操作します。

MEMO 現金をチャージする

現金でのSuicaへのチャージは、Suica加盟店の各種コンビニやスーパーのレジで行えます。店員にSuicaを現金でチャージしたいことを伝えましょう。また、一部の駅の券売機でも、現金でのチャージが可能です。

＜Suica＞アプリにクレジットカードを登録する

1 ホーム画面で＜Suica＞アプリをタップして起動し、＜チケット購入 Suica管理＞をタップします。モバイルSuicaへの会員登録がまだの場合は、手順に従って登録します。

2 ＜登録クレジットカード情報変更＞をタップします。

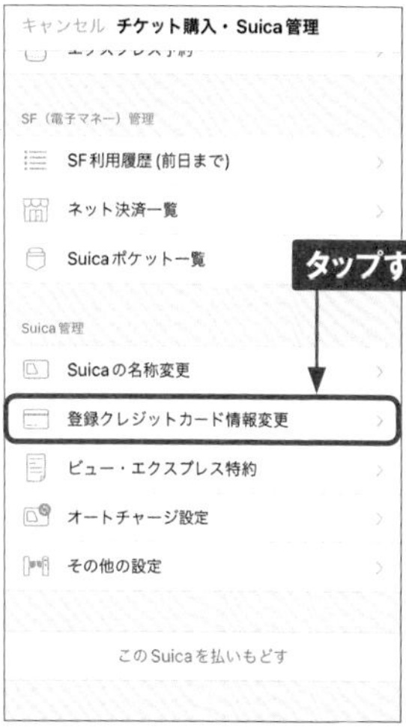

3 「カード番号」と「カード有効期限」を半角で入力し、＜次へ＞をタップして、画面の指示に従ってクレジットカードを登録します。登録後、手順①の画面で＜入金（チャージ）＞をタップすると、チャージ可能です。

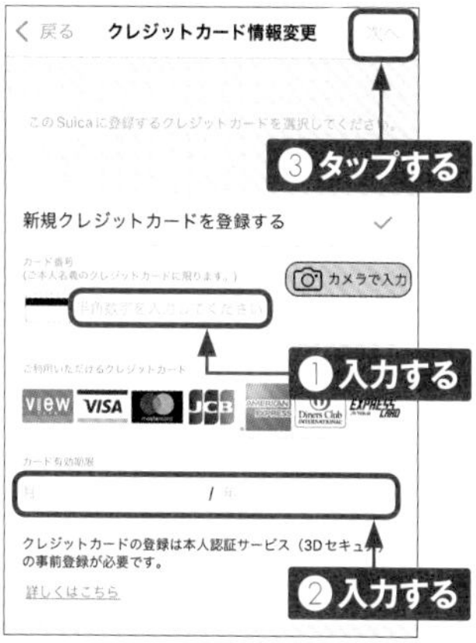

MEMO Suicaを管理する

手順②の画面では、Suicaへのオートチャージ（ビューカードが必要）や定期券の購入、Suicaグリーン券やJR東海のエクスプレス予約など、Suicaに関するさまざまな操作が行えます。

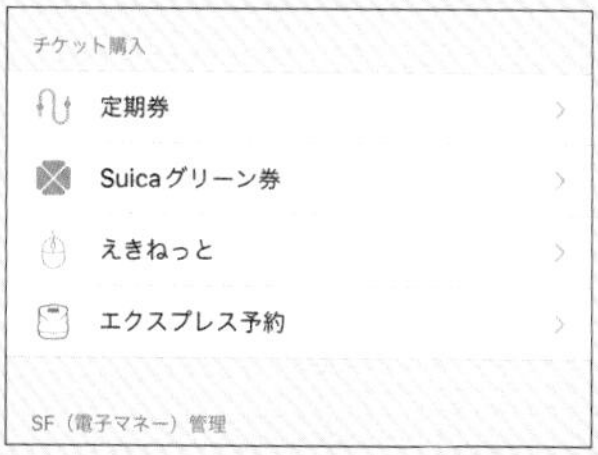

Section 48

FaceTimeでビデオ通話や音声通話を利用する

FaceTimeは、Appleが無料で提供している音声／ビデオ通話サービスです。iPhoneやiPadなど、FaceTimeに対応した端末どうしやWindowsやAndroidのWebブラウザとの通話が可能です。

FaceTimeの設定を行う

1 ホーム画面で<設定>をタップします。なお、必要であればあらかじめSec.17を参考に、Wi-Fiに接続しておきます。

2 <FaceTime>をタップします。

3 「FaceTime」が　になっている場合はタップします。

4 <FaceTimeにApple IDを使用>→<サインイン>の順にタップします。

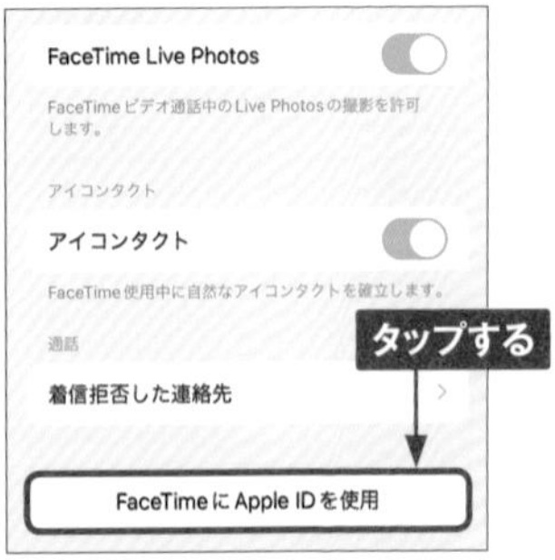

⑤ 「FACETIME着信用の連絡先情報」に電話番号と、Apple IDのメールアドレスが表示されます。

⑥ 手順⑤の画面の「発信者番号」で、FaceTimeの発信先として利用したい電話番号かメールアドレスをタップして、チェックを付けます。

MEMO

FaceTimeの新機能

iOS 15では、WindowsやAndroidのWebブラウザと「FaceTimeリンク」で通話できるようになりました。FaceTimeリンクを利用するには、P.178手順②の画面で<リンクを作成>をタップします。また、iOS 15では、ビデオ通話中にコントロールセンターで<マイクモード>をタップすると、マイクモードを切り替えられるようになりました。<声を分離>をタップすると周囲の騒音が遮断され、<ワイドスペクトル>をタップすると周囲の音を拾います。

●FaceTimeリンクの作成

●マイクモードの切り替え

FaceTimeでビデオ通話する

1 ホーム画面で<FaceTime>をタップします。

2 <新しいFaceTime>をタップします。

3 名前の一部を入力すると、連絡先に登録されている、FaceTimeをオンにしている人が表示されます。FaceTimeでビデオ通話をしたい相手をタップし、<FaceTime>をタップします。

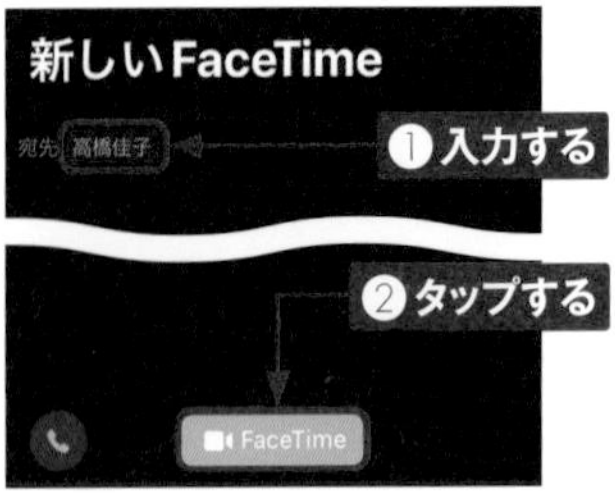

4 呼び出し中の画面になります。間違えてタップしてしまった場合は、<終了>をタップすると、呼び出しを終了できます。

5 相手がFaceTimeの着信に応答すると、FaceTimeでの通話が始まります。<終了>をタップすると通話が終了します。

MEMO 「ピクチャ・イン・ピクチャ」機能を利用する

ビデオ通話中にホームボタンを押すと、ピクチャ・イン・ピクチャ機能が利用できます。ピクチャ・イン・ピクチャ機能では、ビデオ再生画面やFaceTimeのビデオ通話画面を、ほかのアプリを使いながら縮小表示することができます。もとの画面に戻るには、ビデオ通話画面をタップします。

FaceTimeで音声通話する

① P.178手順③の画面で をタップします。

② 呼び出し中の画面になります。間違えてタップしてしまった場合は、<終了>をタップすると、呼び出しを終了できます。

③ 相手がFaceTimeの着信に応答すると、FaceTimeでの通話が始まります。<終了>をタップすると、通話が終了します。なお、 をタップすると、ビデオ通話に切り替わります。

MEMO 登録済みの相手と音声通話をする

一度FaceTimeで音声通話をした相手は、P.178手順②の画面に自動で表示されます。名前の横の をタップし、<FaceTime>をタップすると発信できます。

Section 49

AirDropで写真を送信する

AirDropを使うと、AirDrop機能を持つ端末どうしで、近くにいる人とかんたんにファイルをやり取りすることができます。写真や動画などを目の前の相手にすばやく送りたいときに便利です。

AirDropでできること

すぐ近くの相手と写真や動画などさまざまなデータをやり取りしたい場合は、AirDropを利用すると便利です。AirDropを利用するには、互いにWi-FiとBluetoothを有効にし、受信側がAirDropの設定を＜連絡先のみ＞もしくは＜すべての人＞にする必要があります。写真や動画のほか、連絡先、閲覧しているWebサイトなどがやり取りできます。対象機種はiOS 7以降を搭載したiPhone、iPad、iPod touchとOS X Yosemite以降を搭載したMacです。
また、見知らぬ人からAirDropで写真を送り付けられることを防ぐために、普段はAirDropの設定を＜連絡先のみ＞もしくは＜受信しない＞にしておくとよいでしょう。

画面下端を上方向にスワイプしてコントロールセンターを開き、左上にまとめられているコントロールをタッチします。Wi-FiとBluetoothがオフの場合はタップしてオンにします。受信側は＜AirDrop＞が＜受信しない＞の場合はタップします。

＜すべての人＞をタップすると周囲のすべての人が、＜連絡先のみ＞をタップすると連絡先に登録されている人のみが自分のiPhoneを検出できるようになります（iCloudへのサインインが必要）。AirDropの利用が終わったら、＜受信しない＞をタップします。

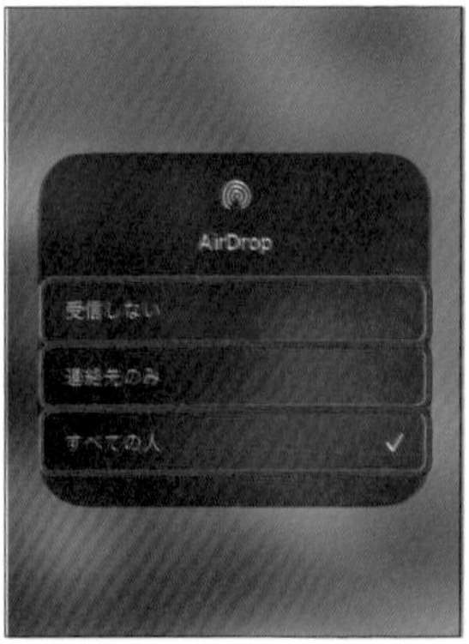

AirDropで写真を送信する

1 ホーム画面で<写真>をタップします。

2 送信したい写真を表示して、⏍をタップします。

3 <AirDrop>をタップします。

4 送信先の相手が表示されたらタップします。なお、送信先の端末がスリープモードのときは、表示されません。送信先の端末で<受け入れる>をタップすると、写真が相手に送信されます。

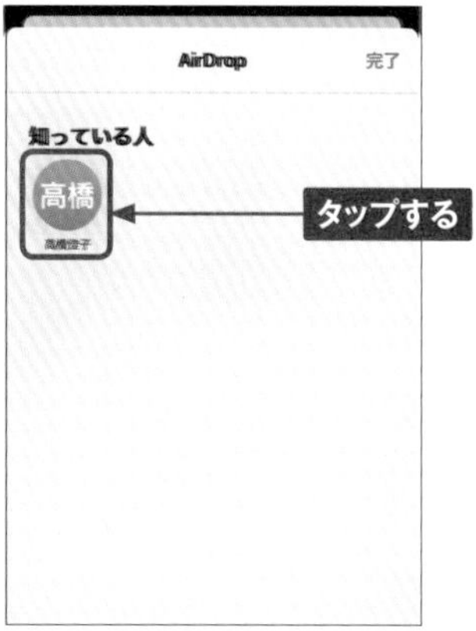

Section 50

ショートカットでよく使う機能を自動化する

ショートカットは、指定した複数の機能や操作を自動で行ってくれる機能です。<ショートカット>アプリでサンプルのショートカットを使用できるほか、オリジナルのショートカットを作成することも可能です。

ショートカットとは

ショーカットを使用すると、決まった時間や場所で特定のアプリや操作を自動で実行したり、複数のアプリや操作を一度にまとめて行ったりすることができます。まずは、<ショートカット>アプリに用意されているサンプルのショートカットを使って試してみましょう。よく使うショートカットはウィジェットに登録することもできます。また、iPhoneを使い込むことで、よく使うアプリや操作をもとにしたショートカットが提案されます。

あらかじめサンプルのショートカットが多数用意されています。

作成したショートカットは「すべてのショートカット」画面から実行できます。

ショートカットを設定する

1 ホーム画面から＜ショートカット＞をタップしてアプリを起動し、＜続ける＞をタップします。

2 ＜ギャラリー＞をタップします。

3 画面を上方向にスワイプして、設定したいショートカット（ここでは＜トップニュースをブラウズ＞）をタップします。

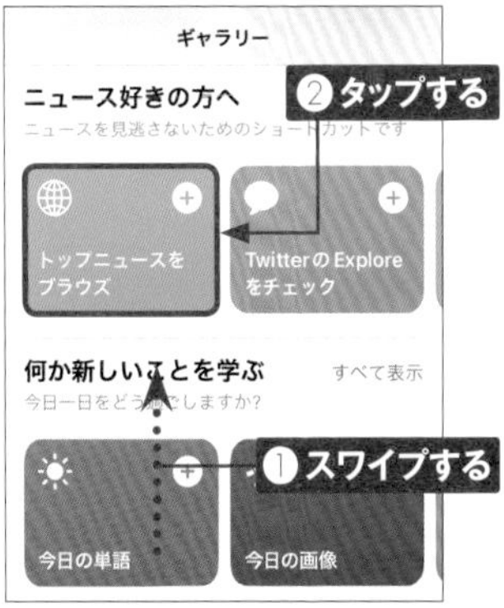

4 ＜ショートカットを追加＞をタップします。

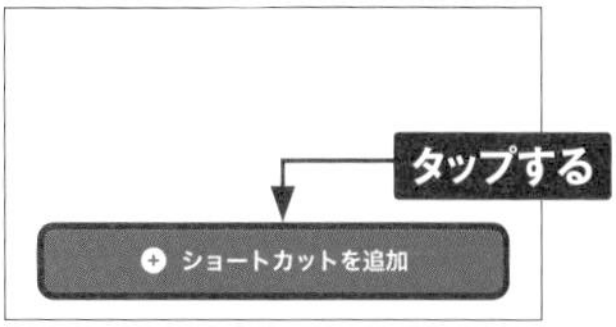

5 ＜マイショートカット＞をタップすると、「すべてのショートカット」画面にショートカットが追加されます。タップすることで、ショートカットが利用できます。

MEMO オリジナルのショートカットを作成する

オリジナルのショートカットを作成するには、「すべてのショートカット」画面右上の＋をタップし、＜アクションを追加＞をタップします。「お使いのAppからの提案」によく使うアプリや操作が表示されているので、タップして×をタップすると、「すべてのショートカット」画面にショートカットが作成されます。

Section 51

音声でiPhoneを操作する

音声でiPhoneを操作できる機能「Siri」を使ってみましょう。iPhoneに向かって操作してほしいことを話しかけると、内容に合わせた返答や操作をしてくれます。

Siriでできること

SiriはiPhoneに搭載された人工知能アシスタントです。ホームボタンを長押ししてSiriを起動し、Siriに向かって話しかけると、リマインダーの設定や周囲のレストランの検索、流れている音楽の曲名を表示してくれるなど、さまざまな用事をこなしてくれます。「Hey Siri」機能をオンにすれば、iPhoneに「Hey Siri」（ヘイシリ）と話しかけるだけでSiriを起動できるようになります。

「Hey Siri」機能をオンにする際に、自分の声だけを認識するように設定できます。

「Siriからの提案」では、使用者の行動を予想して、使う時間帯や場所に合わせたアプリなどを表示してくれます。

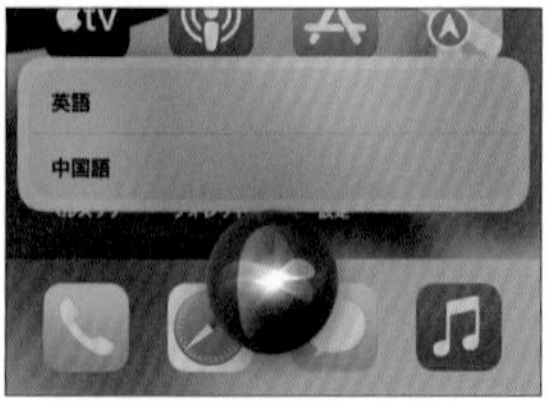

Siriに「翻訳して」と話しかけ、翻訳してほしい言葉を話すと、英語に翻訳してくれます。

聞いている曲の曲名がわからない場合は、Siriに「曲名を教えて」と話しかけ、曲を聞かせると曲名を教えてくれます。

Siriの設定を確認する

1 ホーム画面で<設定>をタップします。

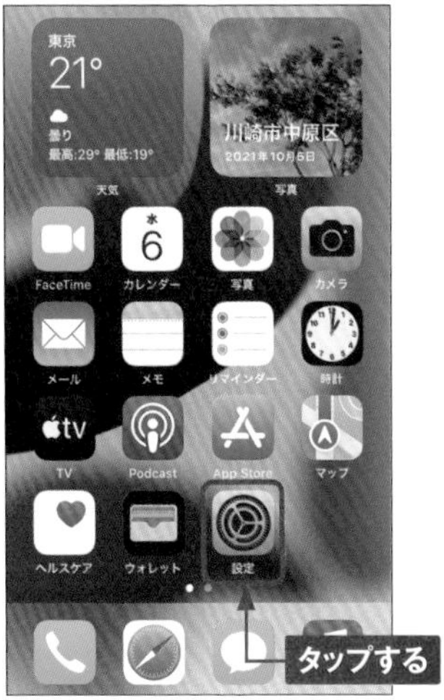

2 <Siriと検索>をタップします。

3 「ホームボタンを押してSiriを使用」が になっている場合はタップして<Siriを有効にする>をタップし、声の種類をタップして<完了>をタップし、Siriをオンにします。

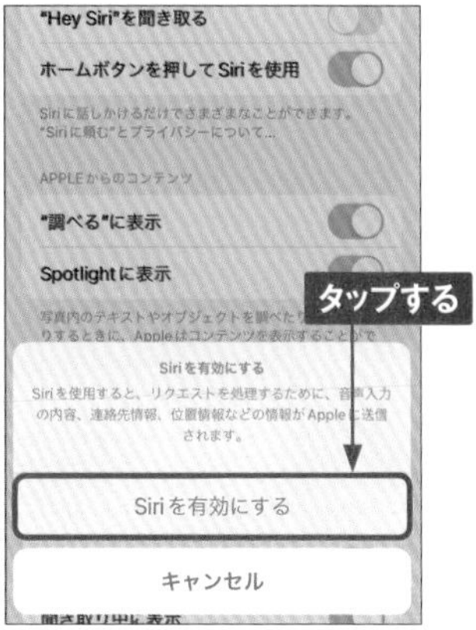

MEMO Siriの位置情報をオンにする

現在地の天気を調べるなど、Siriで位置情報に関連した機能を利用する場合は、ホーム画面で<設定>→<プライバシー>→<位置情報サービス>の順にタップします。<Siriと音声入力>をタップして、<このAppの使用中のみ許可>をタップしてチェックを付けます。

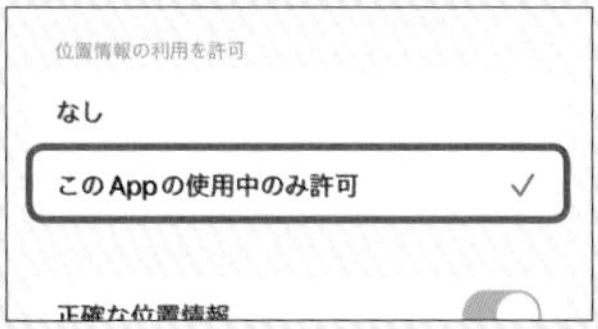

Siriの利用を開始する

① ホームボタンを長押しします。

② Siriが起動するので、iPhoneに操作してほしいことを話しかけます。ここでは例として、「午前8時に起こして」と話してみます。

③ アラームが午前8時に設定されました。終了するにはホームボタンを押します。

MEMO 話しかけてSiriを呼び出す

Siriをオンにしたあとで、P.185手順③のあとの画面で<"Hey Siri"を聞き取る>の をタップして、<続ける>をタップし、画面の指示に従って数回iPhoneに向かって話しかけます。最後に<完了>をタップすれば、ホームボタンを押さずに「Hey Siri」と話しかけるだけで、Siriを呼び出すことができるようになります。なお、この方法であれば、iPhoneがスリープ状態でも、話しかけるだけでSiriを利用できます。

Chapter 8

iCloudを活用する

Section 52

iCloudでできること

iCloudとは、Appleが提供するクラウドサービスです。メール、連絡先、カレンダーなどのデータを、iCloudを経由してパソコンと同期できます。

インターネットの保管庫にデータを預けるiCloud

iCloudは、Appleが提供しているクラウドサービスです。クラウドとはインターネット上の保管庫のようなもので、iPhoneに保存しているさまざまなデータを預けておくことができます。またiCloudは、iPhone以外にもiPad、iPod touch、Mac、Windowsパソコンにも対応しており、それぞれの端末で登録したデータを、互いに共有することができます。なお、iCloudは無料で5GBまで利用できますが、有料オプションのiCloud+では月額130円で50GB、月額400円で200GB、月額1,300円で2TBまで容量を追加できます。Apple Music、Apple TV+、Apple Arcade、iCloud+をまとめて購入できるApple Oneの場合は、月額1,100円の個人プランで50GB、月額1,850円のファミリープランで200GBの容量を利用できます。

● iCloudのしくみ

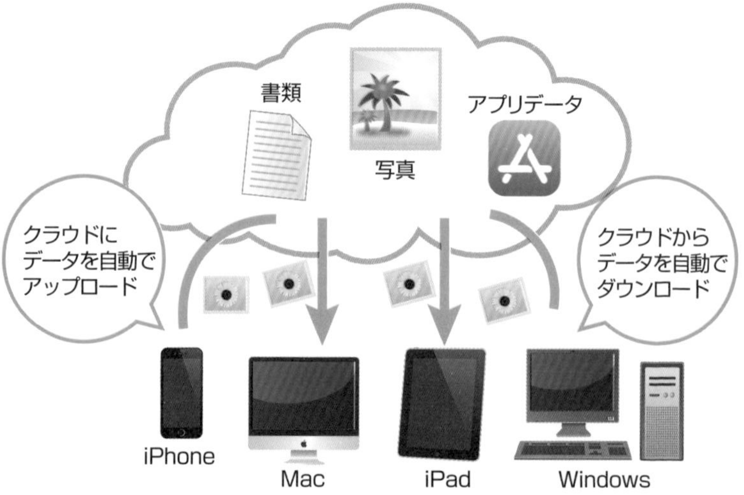

iCloudで共有できるデータ

iPhoneにiCloudのアカウントを設定すると、メール、連絡先、カレンダーやSafariのブックマークなど、さまざまなデータを自動的に保存してくれます。また、「@icloud.com」というiCloud用のメールアドレスを取得できます。
さらに、App StoreからiCloudに対応したアプリをインストールすると、アプリの各種データをiCloud上で共有できます。

●iCloudの設定画面

カレンダーやメール、連絡先をiCloudで共有すれば、ほかの端末で更新したデータがすぐにiPhoneに反映されるようになります。

●「探す」機能

「探す」機能を利用すると、万が一の紛失時にも、iPhoneの現在位置をパソコンで確認したり、リモートで通知を表示させたりできます。

MEMO iCloudで利用できる機能

iPhoneでは、iCloudの下記の機能が利用できます。

- ･iCloud Drive
- ･書類とデータの同期
- ･連絡先やカレンダーの同期
- ･リマインダーの同期
- ･探す
- ･ファミリー共有
- ･メール（@icloud.com）
- ･メモの同期
- ･バックアップ
- ･Safariの同期
- ･iCloudキーチェーン
- ･iCloud写真

Section 53

iCloudにバックアップを作成する

iPhoneは、パソコンのiTunesと同期する際に、パソコン上に自動でバックアップを作成します。このバックアップをパソコンのかわりにiCloud上に作成することも可能です。

iCloudバックアップをオンにする

1 ホーム画面から＜設定＞→自分の名前→＜iCloud＞の順にタップして「iCloud」画面を表示し、＜iCloudバックアップ＞をタップします。

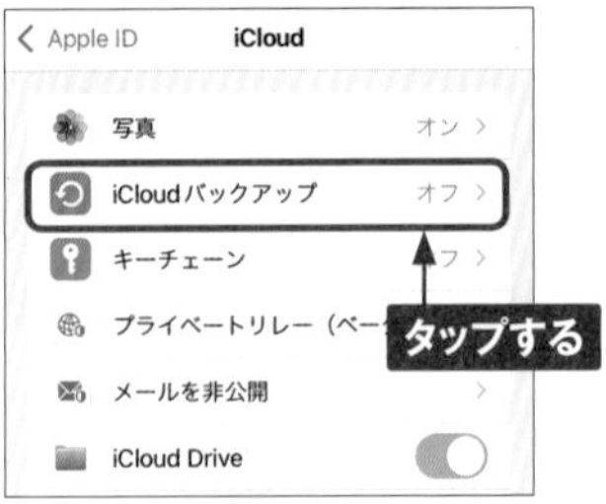

2 「バックアップ」画面が表示されるので、「iCloudバックアップ」がになっていることを確認します。「iCloudバックアップ」がになっている場合はタップします。

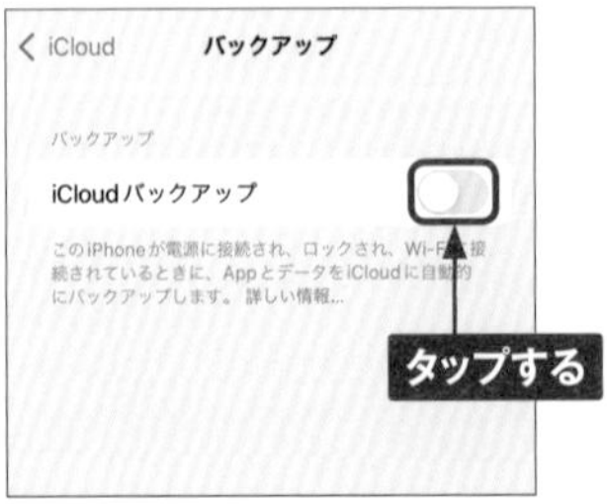

3 「バックアップ機能をオンにしています...」と表示されます。

4 「iCloudバックアップ」がになりました。以降は、P.191MEMOの条件を満たせば、自動でバックアップが行われるようになります。

iCloudにバックアップを作成する

① 手動でiCloudにバックアップを作成したいときは、Wi-Fiに接続した状態で、「バックアップ」画面の、<今すぐバックアップを作成>をタップします。

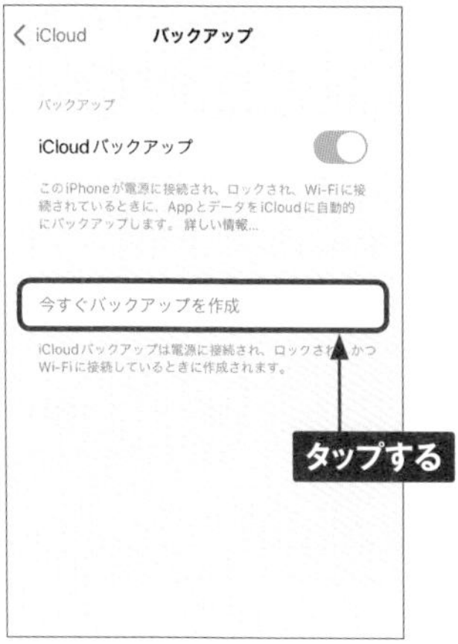

② バックアップが作成されます。バックアップの作成を中止したいときは、<バックアップの作成をキャンセル>をタップします。

③ バックアップの作成が完了しました。最後にiCloudバックアップが行われた日時が表示されます。

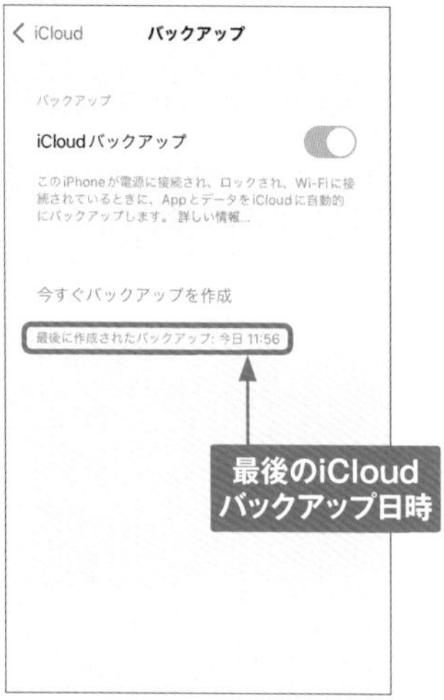

MEMO 自動バックアップが行われる条件

自動でiCloudにバックアップが行われる条件は以下のとおりです。

・電源に接続されている
・スリープモードになっている
・Wi-Fiに接続されている

なお、バックアップの対象となるデータは、撮影した動画や写真、アプリのデータやiPhoneに関する設定などです。アプリ本体などはバックアップされませんが、復元後、自動的にApp StoreからiPhoneにダウンロードされます。

Section 54

iCloudの同期項目を設定する

カレンダーやリマインダーはiCloudと同期し、連絡先はパソコンのiTunesと同期するといったように、iCloudでは、個々の項目を同期するかしないかを選択することができます。

iPhoneのiCloudの同期設定を変更する

●同期をオフにする

① P.190手順①を参考に「iCloud」画面を表示し、iCloudと同期したくない項目の をタップして にします。ここでは、「Safari」の をタップします。

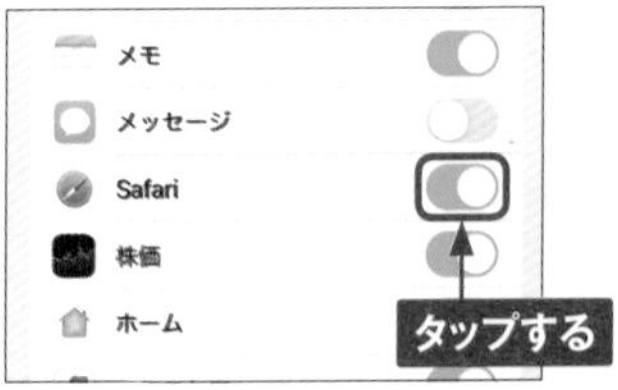

② 以前同期したiCloudのデータを削除するかどうか確認されます。iCloudのデータをiPhoneに残したくない場合は、<iPhoneから削除>をタップします。

●同期をオンにする

① iCloudと同期したい項目の をタップして、 にします。ここでは「Safari」の をタップします。

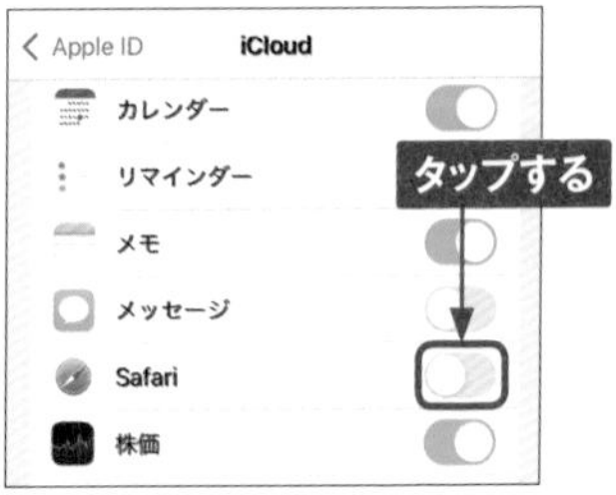

② <Safari>アプリに既存のデータがある場合は、iCloudのデータと結合してよいか確認するメニューが表示されます。<結合>をタップします。

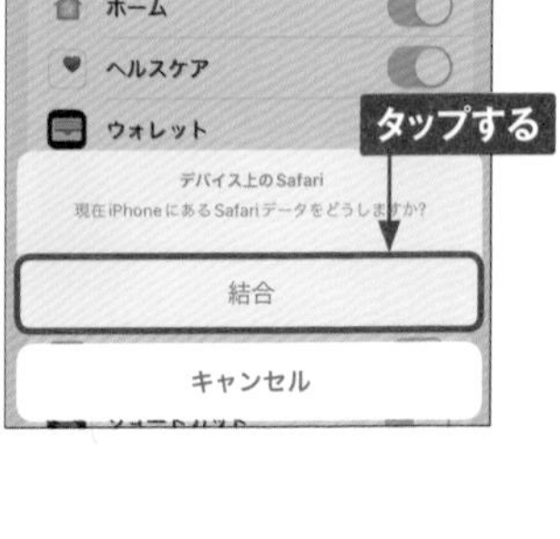

Section 55

iCloud写真や
iCloud共有アルバムを利用する

「iCloud写真」は、撮影した写真や動画を自動的にiCloudに保存するサービスです。保存された写真はほかの端末などからも閲覧できます。また、写真を友だちと共有する「iCloud共有アルバム」機能もあります。

iCloudを利用した写真の機能

iCloudを利用した写真の機能には、大きく分けて次の2つがあります。

●写真の自動保存

「iCloud写真」機能により、iPhoneで撮影した写真や動画を自動的にiCloudに保存します。保存された写真は、ほかの端末やパソコンなどからも閲覧することができます。初期設定では有効になっており、iCloudストレージの容量がいっぱいになる（無料プランでは5GB）まで保存できます。

●写真の共有

「iCloud共有アルバム」機能により、作成したアルバムを友だちと共有して閲覧してもらうことができます。なお、iCloudのストレージは消費しません。

MEMO **iCloudストレージの容量を買い足す**

iCloud写真で写真やビデオをiCloudに保存していると、無料の5GBの容量はあっという間にいっぱいになってしまいます。有料で容量を増やすには、P.190手順①の画面で「容量」の<ストレージを管理>をタップします。<ストレージプランを変更>をタップするとiCloud+へのアップグレード画面が表示されるので、「50GB」「200GB」「2TB」のいずれかのプランを選択します。

iCloud写真の設定を確認する

1 P.190手順①を参考に「iCloud」画面を表示し、＜写真＞をタップします。

2 「iCloud写真」と「共有アルバム」が になっていることを確認します。iCloud写真を無効にしたい場合は、「iCloud写真」の をタップします。

3 iCloud写真が無効になり、自動で保存されないようになります。

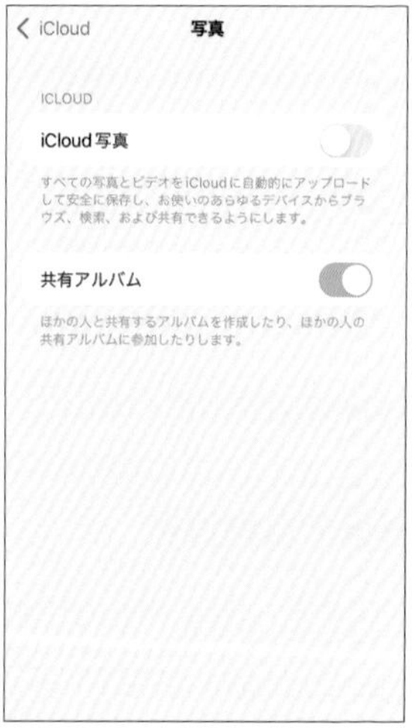

MEMO

マイフォトストリームとは

古いApple IDを使用している場合、手順②の画面で「マイフォトストリーム」の項目が表示されることがあります。マイフォトストリームは、以前使われていた写真のiCloudへの自動保存機能です。保存枚数や保存期間に制限がありますが、iCloudストレージを消費しないという利点があります。写真のバックアップが目的でなければマイフォトストリームのほうが便利に使える場合もあるので、目的に応じて使い分けるとよいでしょう。

友だちと写真を共有する

1 ＜写真＞アプリを起動して、「アルバム」タブを開き、画面左上の＋をタップし、＜新規共有アルバム＞をタップします。

2 アルバム名を入力し、＜次へ＞をタップします。

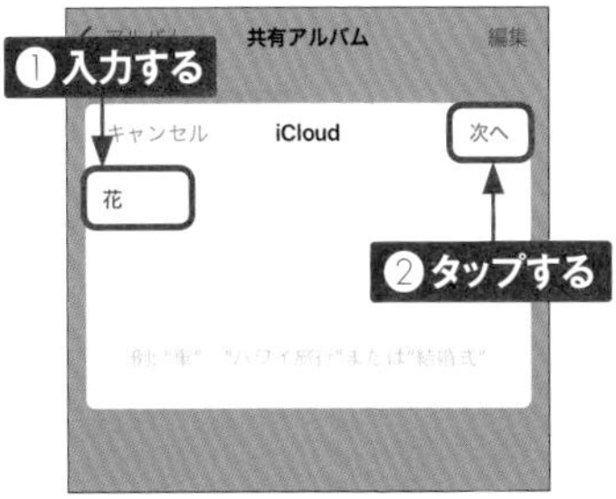

3 写真を共有したい相手のアドレスや名前を入力し、＜作成＞をタップします。

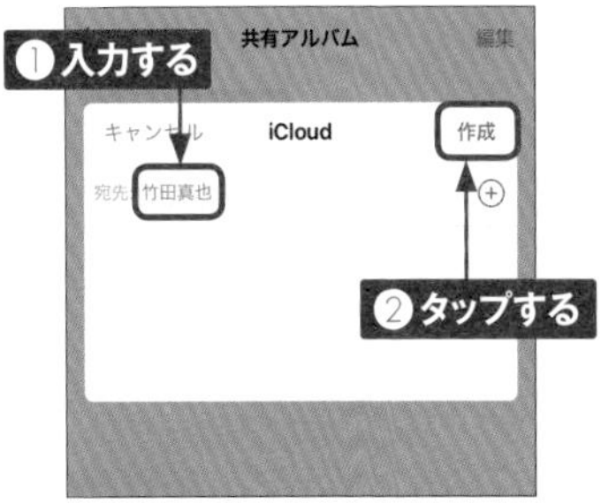

4 共有アルバムが作成されます。

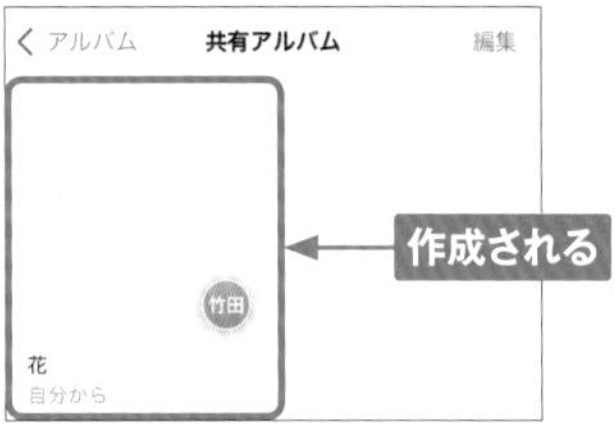

5 共有先の相手には「○○さんから参加依頼が届きました（共有アルバム名）」という通知が届きます。通知をタップし、＜写真＞アプリで＜参加＞をタップすると、以降は相手も閲覧ができるようになります。

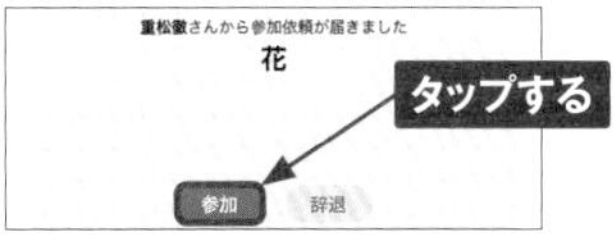

MEMO

共有アルバムに写真を追加する

手順④の画面で、作成した共有アルバムをタップし、＋をタップします。追加したい写真をタップして＜完了＞→＜投稿＞の順にタップすると、写真が追加されます。

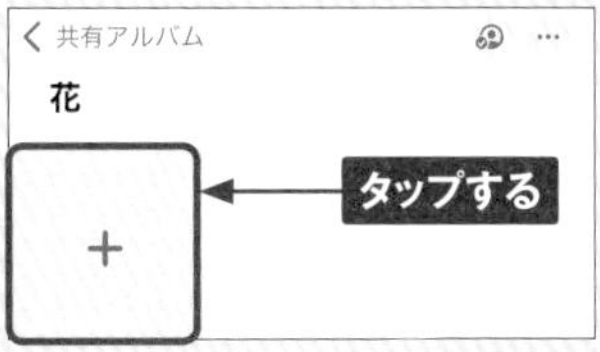

Section 56

iCloud Driveを利用する

iCloud Driveを利用すれば、複数のアプリのファイルを、iCloudの中に安全に保存しておけます。保存したファイルは、Windowsパソコンや Mac、iPadなどのApple製品からいつでもアクセスできます。

iCloud Driveとは

iCloud Driveは、iCloudのクラウドストレージ機能です。「OneDrive」や「Googleドライブ」、「Dropbox」といったサービスと同様の位置付けと考えてよいでしょう。iPhoneやiPadだけでなく、MacおよびWindows搭載のパソコンでも利用できます。iCloud自体にもiCloud写真やバックアップ機能によって、さまざまな形式のファイルをアップロードできますが、iCloud Driveに保存できるファイル形式に制限はありません。画像ファイルや動画ファイルはもちろん、PDFファイルや文書ファイルなども保存できます。

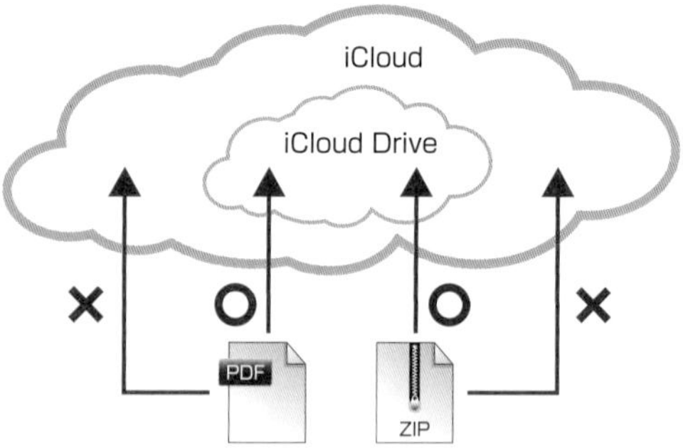

MEMO

パソコンからiCloud Driveを利用する

パソコンからiCloud Driveを利用する場合は、Webブラウザを利用します。P.200手順①～②を参考にしてiCloudにサインインし、手順③の画面で2ファクタ認証のコードを入力して<iCloud Drive>をクリックします。Webブラウザ上でファイルの閲覧やアップロード、ダウンロードが行えるので、パソコンからPDFファイルをアップロードし、iPhoneでダウンロードして閲覧するといった使い方が可能です。

iCloud Driveにファイルを保存する

1 P.138手順①～③の方法で、iCloud Driveに保存したい写真を表示し、画面左下の⏏をタップします。

2 共有メニューが表示されます。上方向にスワイプし、<"ファイル"に保存>をタップします。

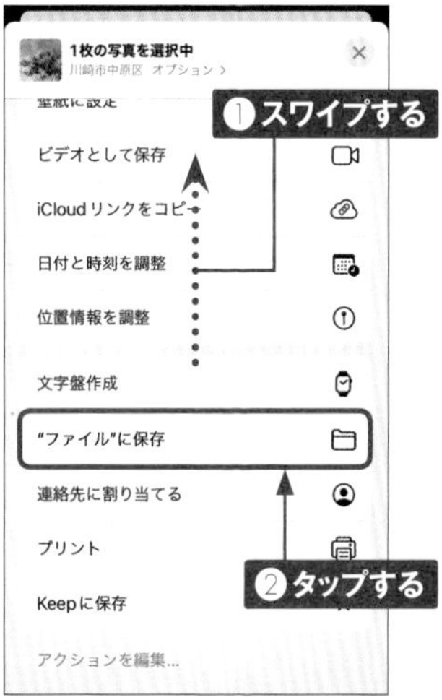

3 <iCloud Drive>をタップして<保存>をタップすると、写真がiCloud Driveに保存されます。

MEMO **アプリのフォルダ**

iCloud Driveに対応したアプリ（「Pages」「Numbers」「Keynote」など）をインストールすると、そのアプリ用のフォルダがiCloud Driveに作成されます。そのアプリで作成、編集したファイルは、このフォルダに保存されます。

iCloud Driveのファイルを閲覧する

① ホーム画面から＜ファイル＞をタップします。

② ＜ブラウズ＞をタップし、＜iCloud Drive＞をタップします（初回は手順③の画面が表示されることもあります）。

③ 任意のフォルダをタップし、閲覧したいファイルをタップします。

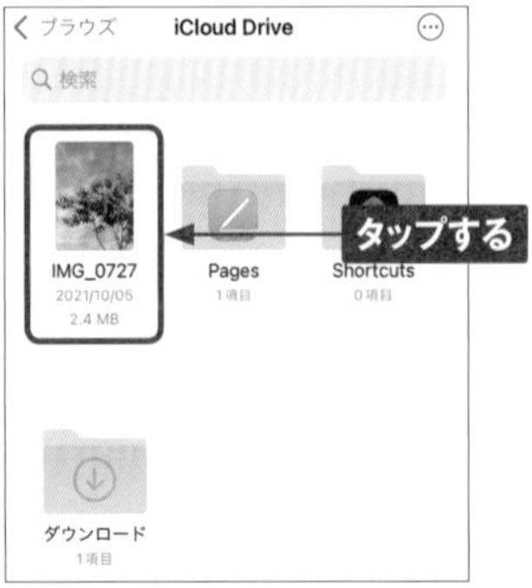

④ ファイルの内容が表示されます。

MEMO ＜ファイル＞アプリでほかのストレージサービスを利用する

＜ファイル＞アプリでは、「Dropbox」や「Googleドライブ」「Box」「OneDrive」など、ほかのクラウドストレージサービスのアプリと連携して、ファイル管理を行うことができます。あらかじめこれらのクラウドサービスのアプリをインストールし、アカウントにログインしておき、＜ファイル＞アプリの手順②の画面で右上の⋯→＜編集＞の順にタップします。インストールしたクラウドサービスが「場所」に表示されるので、利用したいクラウドサービスを有効にすると、「ブラウズ」画面に表示されるようになります。

iCloud Driveのファイルを共有する

1 P.198手順③の画面で⋯をタップして、＜選択＞をタップします。

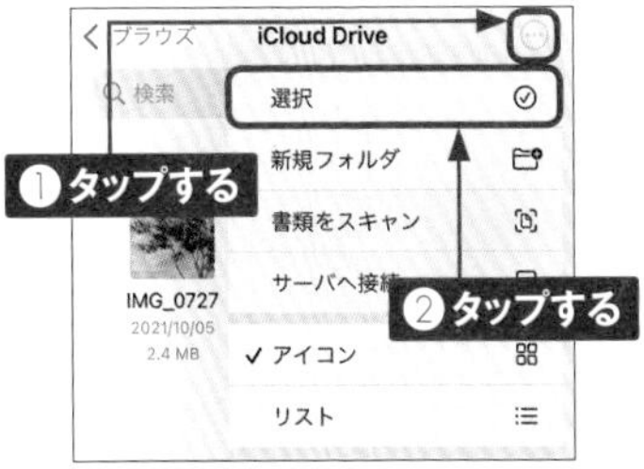

2 共有したいファイルをタップし、⇧をタップします。

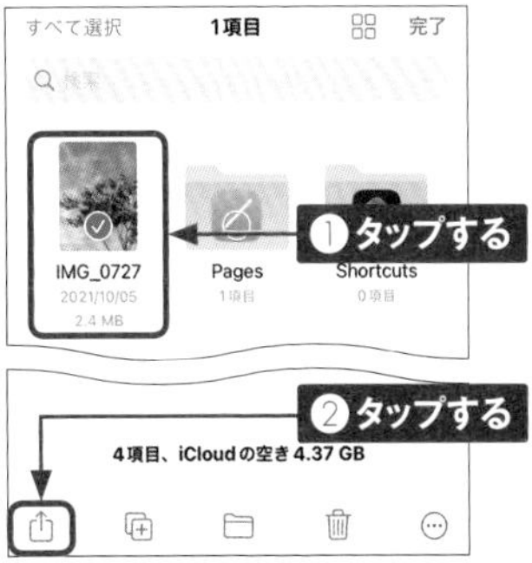

3 ＜iCloudでファイルを共有＞をタップします。

4 参加依頼の送信方法（ここでは＜メッセージ＞）をタップします。

5 宛先を設定し、⬆をタップすると、共有したいファイルのリンクが相手に届きます。動画などの大きなサイズのファイルを送りたい場合に便利です。

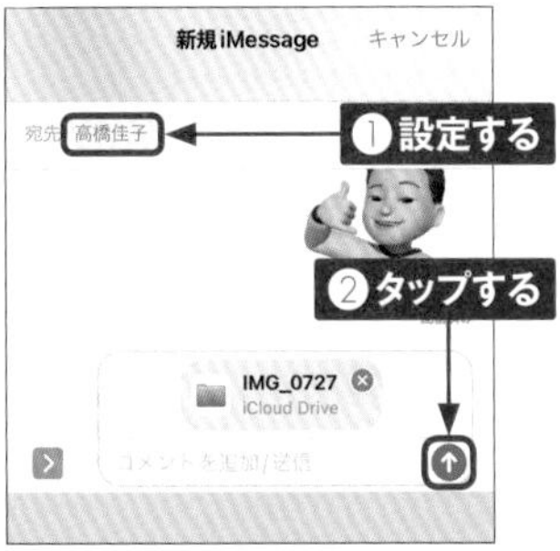

MEMO フォルダを共有する

手順②の画面でフォルダをタップすると、フォルダごと共有することができます。なお、アプリのフォルダは共有できません。

Section 57

紛失したiPhoneを探す

iCloudの「探す」機能で、iPhoneから警告音を鳴らしたり、遠隔操作でパスコードを設定したり、メッセージを表示したりすることができます。万が一に備えて、確認しておきましょう。

iPhoneから警告音を鳴らす

1 パソコンのWebブラウザでiCloud（https://www.icloud.com/）にアクセスします。iPhoneに設定しているApple IDを入力し、→をクリックします。

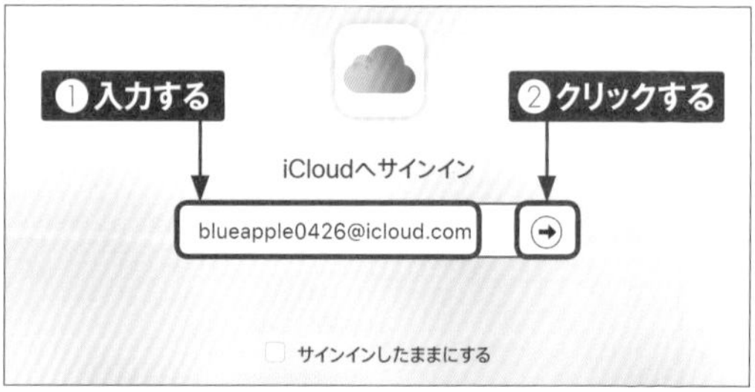

2 パスワードを入力し、→をクリックします。

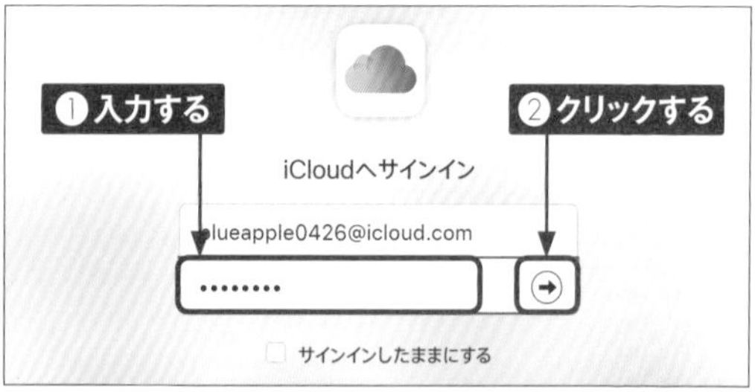

3 <iPhoneを探す>をクリックします。

4 Apple IDとパスワードを求められた場合は入力して、➡をクリックします。iPhoneの位置が表示されるので、＜すべてのデバイス＞をクリックして、＜iPhone SE＞をクリックします。

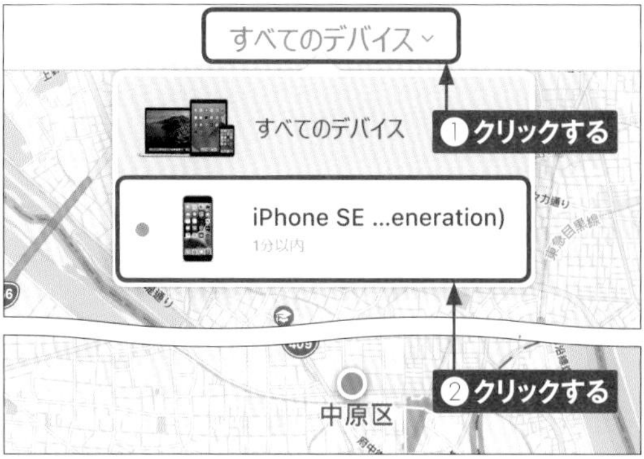

5 ＜サウンド再生＞をクリックします。

6 iPhoneの画面に、メッセージが表示され、警告音が鳴ります。

MEMO **最後の位置情報を送信する**

「iPhoneを探す」機能は、iPhoneの電源がオンになっている状態でしか利用できません。しかし、＜設定＞→自分の名前→＜探す＞→＜iPhoneを探す＞の順にタップして「最後の位置情報を送信」をオンにすると、バッテリーが切れる少し前に、iPhoneの位置情報が自動で、Appleのサーバーに送信されます。そのためiPhoneのバッテリーがなくなって電源がオフになる寸前に、iPhoneがどこにあったかを知ることができます。

紛失モードを設定する

① P.201手順⑤の画面で<紛失モード>をクリックします。

② iPhoneにパスコードを設定していない場合は、新規にパスコードを2回入力します。

③ iPhoneの画面に表示する任意の電話番号を入力し、<次へ>をクリックします。

④ 電話番号といっしょに表示するメッセージを入力し、<完了>をクリックすると、紛失モードが設定されます。iPhoneにロックがかかり、Apple Payに設定したカードも停止されます。

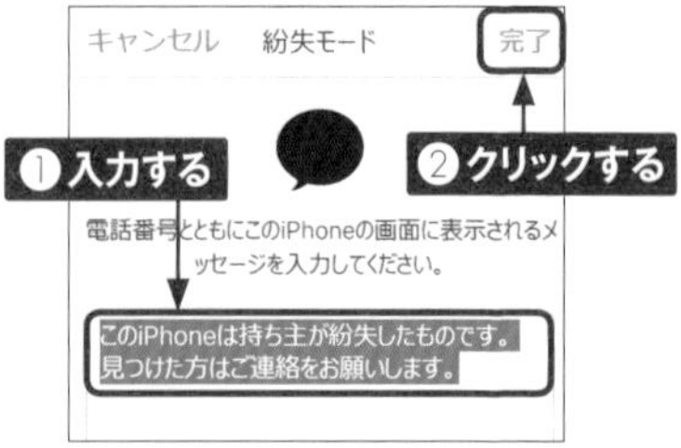

⑤ iPhoneの画面に、入力した電話番号とメッセージが表示されます。<電話>をタップすると、入力した電話番号に発信できます。ホームボタンを押すと、パスコードの入力画面が表示されます。手順②で設定したパスコードを入力してロックを解除すると、紛失モードの設定も解除されます。

MEMO

iPhoneの消去

手順①の画面で<iPhoneを消去>をクリックして画面の指示に従って操作すると、iPhoneのデータが消去されます。この場合、所有者のApple IDでサインインしないと利用できなくなります。

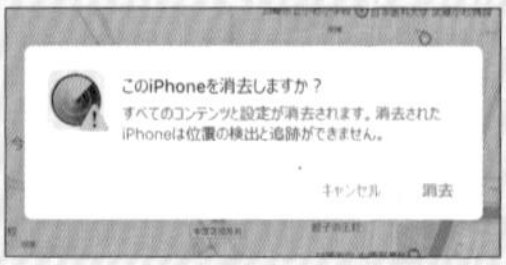

Chapter 9

iPhoneをもっと使いやすくする

Section 58

ホーム画面をカスタマイズする

アプリをインストールすると、ホーム画面にアイコンが増えていきます。アイコンの移動やフォルダによる整理を行い、利用しやすいホーム画面にしましょう。

アプリアイコンを移動する

① ホーム画面上のいずれかのアプリのアイコンをタッチし、表示されるメニューで＜ホーム画面を編集＞をタップします。

② アイコンが細かく揺れ始めるので、移動させたいアイコンをほかのアイコンの間までドラッグします。

③ 画面から指を離すと、アイコンが移動します。ホームボタンを押すと、変更が確定します。

MEMO **ほかのページに移動する**

ホーム画面のほかのページに移動する場合は、移動したいアイコンをタッチし、画面の端までドラッグすると、ページが切り替わります。アイコンを配置したいページで指を離すとアイコンが移動するので、ホームボタンを押して確定します。

フォルダを作成する

1. ホーム画面でフォルダに入れたいアプリのアイコンをタッチし、表示されるメニューで<ホーム画面を編集>をタップします。

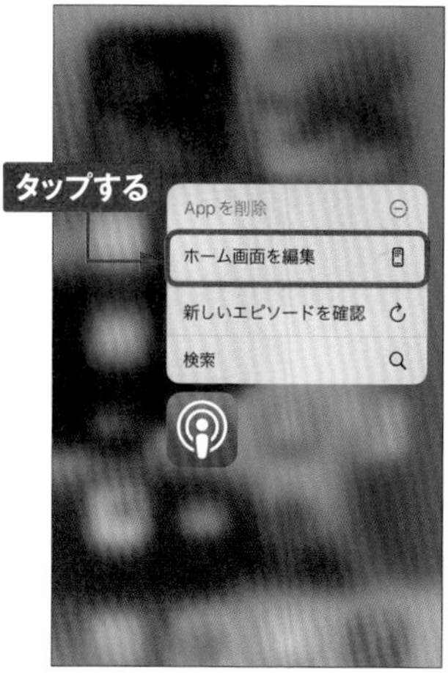

2. 同じフォルダに入れたいアプリのアイコンの上にドラッグし、画面から指を離すとフォルダが作成され、両アプリのアイコンがフォルダ内に移動します。

3. フォルダをタップし、名前欄をタップしてフォルダ名を入力し、<完了>(または<done>)をタップします。

4. ホームボタンを2回押し、ホーム画面の変更を保存します。

アイコンをフォルダの外に移動する

1 ホーム画面でフォルダをタップします。

2 フォルダの外に移動したいアイコンをタッチし、表示されるメニューで＜ホーム画面を編集＞をタップします。

3 アイコンが細かく揺れ始めるので、移動したい場所までドラッグします。

4 移動したい場所で指を離し、ホームボタンを押して、ホーム画面の変更を保存します。フォルダの中のアイコンをすべて外に移動すると、自動的にフォルダが削除されます。

Dockのアイコンを変更する

1 いずれかのアプリのアイコンをタッチし、<ホーム画面を編集>をタップしてアイコンが揺れ始めたら、Dockから移動したいアイコンをDockの外にドラッグします。

2 Dockのアイコンが3つになるので、新しくDockに配置したいアイコンをDockにドラッグします。

3 画面から指を離すと、Dockにアイコンが移動します。ホームボタンを押すと、変更が保存されます。

MEMO

Dockのカスタマイズ

Dockには、プリインストールされているアプリだけでなく、App Storeからインストールしたアプリや、作成したフォルダも配置できます。最大で4つまで配置できますが、1つも配置せずに利用することも可能です。

Section 59

ウィジェットやスマートスタックをカスタマイズする

ウィジェットはホーム画面に自由に追加することができます。複数のウィジェットを組み合わせたスマートスタックも活用すると、さらに便利になります。

ホーム画面にウィジェットを追加する

① ホーム画面の何もないところをタッチします。

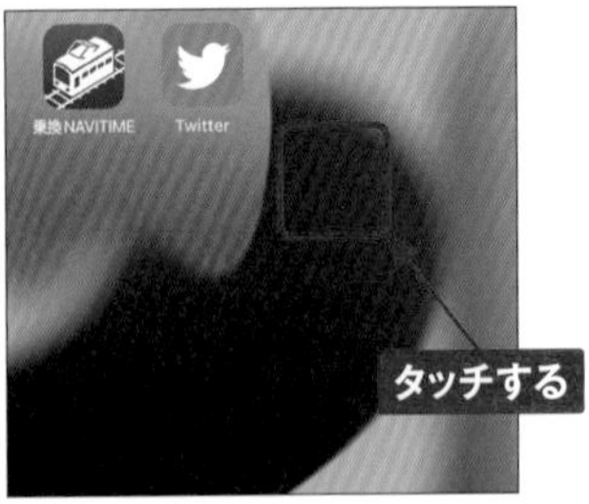

② ＋をタップします。

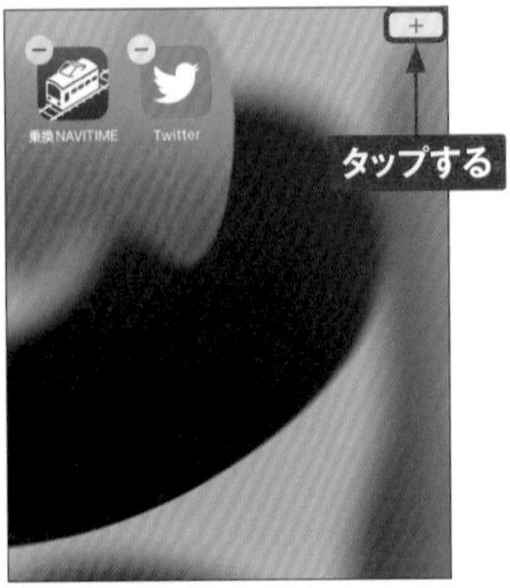

③ 追加したいウィジェットをタップします。

④ 左右にスワイプしてウィジェットの種類を選びます。

5 <ウィジェットを追加>をタップします。

6 ウィジェットを上下左右にドラッグして位置を決め、ホームボタンを押します。

7 ウィジェットが追加されます。

MEMO **ウィジェットを移動／削除する**

ウィジェットを移動するには、ウィジェットをタッチして、<ホーム画面を編集>をタップし、ウィジェットをドラッグします。ウィジェットを削除するには、ウィジェットをタッチして、<ウィジェットを削除>→<削除>の順にタップします。

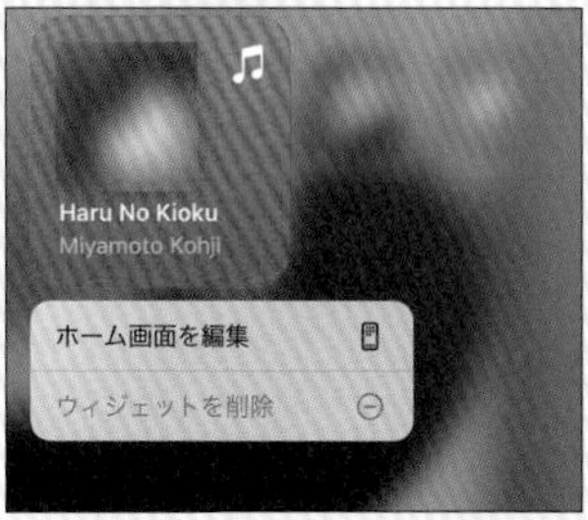

9

ホーム画面にスマートスタックを作成する

1 P.208 ~ 209を参考に、スマートスタックのベースとなるウィジェットをホーム画面に追加します。

2 P.208を参考に、スマートスタックに入れる別のウィジェットを選択します。このとき、手順①のウィジェットと同じサイズのウィジェットをスワイプして選択します。<ウィジェットを追加>をタップします。

3 ホーム画面にウィジェットが追加されます。

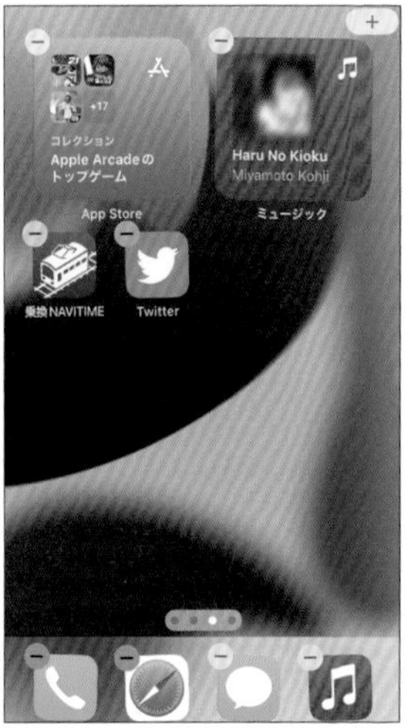

4 追加したウィジェットを、手順①のウィジェットにドラッグします。

5 ウィジェットが重なります。ホームボタンを押します。

6 スマートスタックが作成されます。スマートスタックを上下にスワイプします。

7 ウィジェットが切り替わります。

MEMO スマートスタックを編集する

ホーム画面でスマートスタックをタッチし、＜スタックを編集＞をタップすると、スマートスタックを編集できます。⊖→＜削除＞の順にタップするとウィジェットの削除が、＋をタップするとウィジェットの追加ができます。また、使用状況に応じて関連性の高いウィジェットが表示される「スマートローテーション」のオン／オフなどが設定できます。

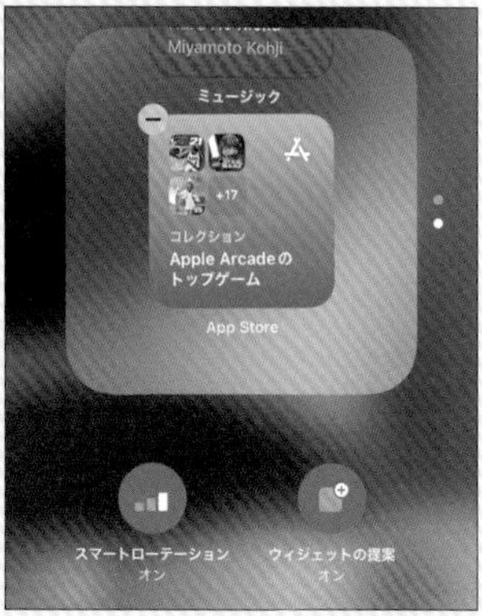

9

Section 60

壁紙を変更する

iPhoneの壁紙を変更しましょう。標準で多数の壁紙が用意されており、カメラで撮影した写真や、常に動いているダイナミック壁紙を設定することができます。

ロック画面の壁紙を変更する

① ホーム画面で＜設定＞をタップします。

② ＜壁紙＞をタップします。

③ ＜壁紙を選択＞をタップします。

④ ＜静止画＞をタップします。なお、＜ダイナミック＞をタップすると、動きのある壁紙を選択できます。

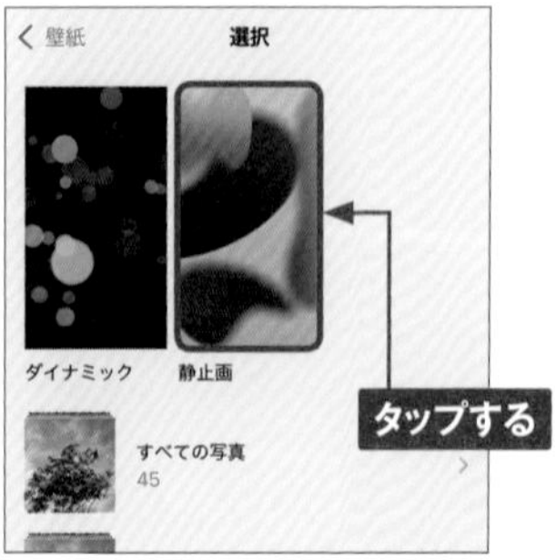

5 設定する壁紙のサムネイルをタップします。

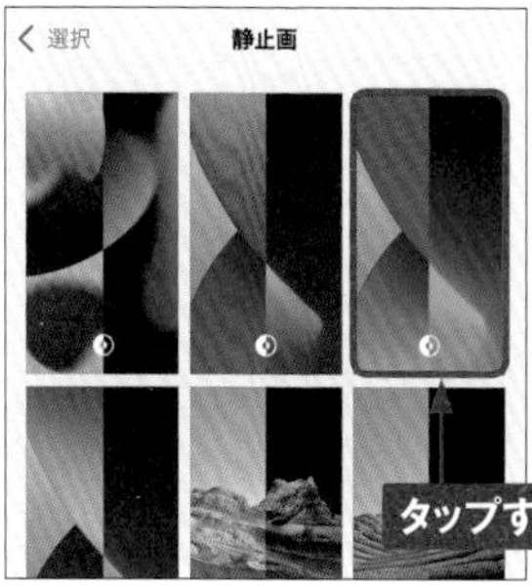

6 選択した壁紙のプレビューが表示されます。＜設定＞をタップします。

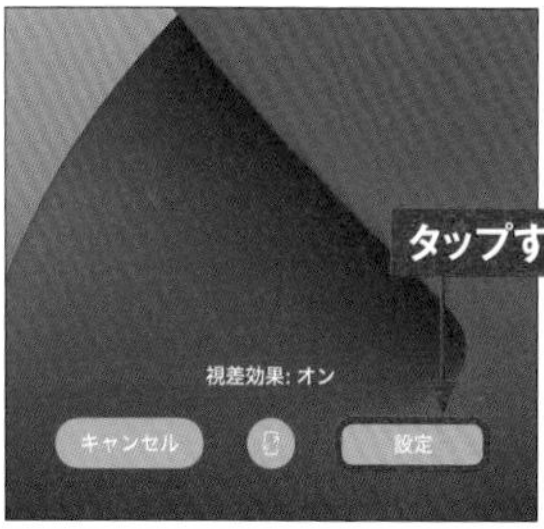

7 ＜ロック中の画面に設定＞をタップします。＜ホーム画面に設定＞をタップすると、ホーム画面の壁紙が変更されます。

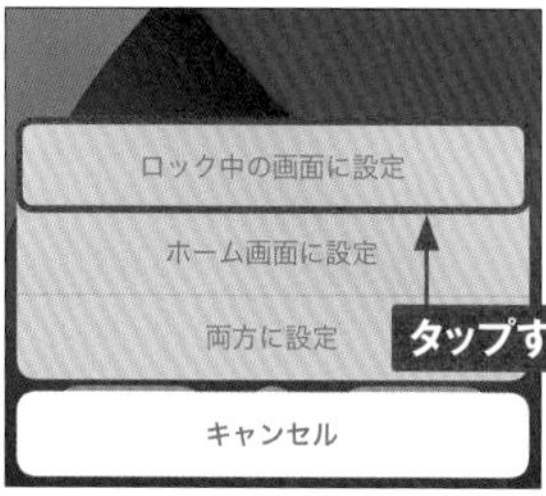

8 ロック画面の壁紙が変更されます。

MEMO

撮影した写真を壁紙に設定する

壁紙の変更は、iPhoneにあらかじめ入っている画像以外にも、＜写真＞アプリに入っている自分で撮影した写真などを設定できます。P.212手順④で＜すべての写真＞など、アルバムをタップして、壁紙に設定したい写真をタップします。

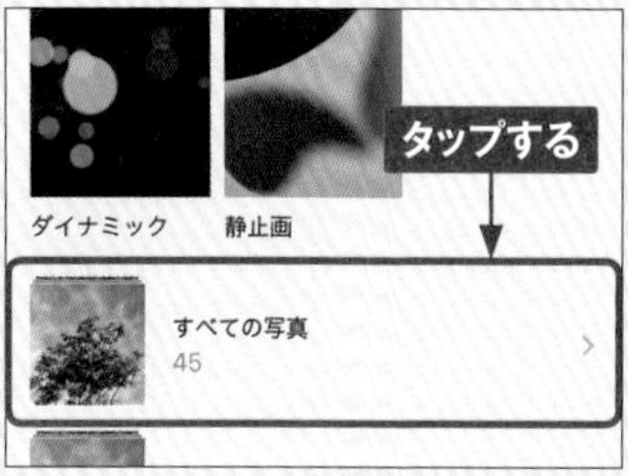

Section 61

コントロールセンターをカスタマイズする

コントロールセンターでは、機能の追加や削除、移動など、自由にカスタマイズすることができます。また、触覚タッチを利用できる機能もあります。

コントロールセンターにアイコンを追加する

① ホーム画面で＜設定＞をタップします。

② ＜コントロールセンター＞をタップします。

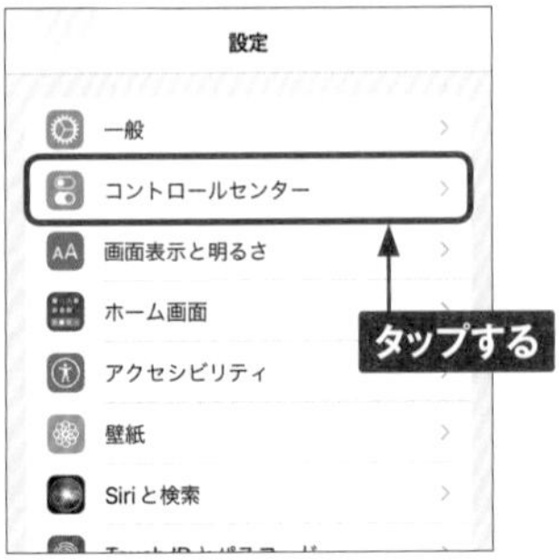

③ 追加したい機能の⊕をタップして追加します。

MEMO アイコンを削除する

手順③の画面で、⊖→＜削除＞の順にタップすると、アイコンを削除できます。また、☰を上下にドラッグすると、順番を入れ替えることができます。

追加できる機能

コントロールセンターに追加できる主な機能を紹介します。なお、初期状態で設定されている機能については、P.25を参照してください。

❶Apple TV リモコン
Apple TV用のリモコンです。再生や一時停止などの操作が可能です。

❷アクセシビリティのショートカット
AssistiveTouchなどのオン／オフを切り替えられます。

❸アクセスガイド
アクセスガイドのオン／オフを切り替えられます。

❹アラーム
＜時計＞アプリが起動し、アラームを設定できます。

❺ウォレット
＜ウォレット＞アプリが起動し、すべてのパスにアクセスできます。タッチするとパスを表示させたり、カードを追加したりできます。

❻サウンド認識
サイレンやペットの鳴き声などを認識して知らせてくれます。

❼ストップウォッチ
＜時計＞アプリが起動し、ストップウォッチを利用できます。

❽ダークモード
ダークモードのオン／オフを切り替えられます。

❾テキストサイズ
テキストサイズを調節できます。

❿ボイスメモ
＜ボイスメモ＞アプリが起動します。

⓫ホーム
＜ホーム＞アプリに登録した照明などのHomeKit対応アクセサリにアクセスできます。

⓬ミュージック認識
タップすると周囲や本体で再生中の音楽の曲名が表示され、曲名をタップするとShazamやApple Musicで再生できます。

⓭メモ
＜メモ＞アプリが起動します。タッチすると新規メモなどの操作にすばやくアクセスできます。

⓮画面収録
画面の録画ができます。録画した動画は、＜写真＞アプリで確認できます。

⓯拡大鏡
カメラを拡大鏡として利用できます。

⓰聴覚
イヤフォン／ヘッドフォンの使用中にオンにすると、音量と環境音のレベルをチェックできます。

⓱低電力モード
低電力モードのオン／オフを切り替えられます。

プライバシー設定を理解する

iPhoneでは、プライバシーに関する機能が強化されています。写真に付与された位置情報を削除できるほか、アプリがカメラやマイクにアクセスしていることが一目でわかります。

プライバシー設定の機能を利用する

●写真の位置情報を削除する

① Sec.37を参考に写真を表示し、⇧をタップします。

② ＜オプション＞をタップします。

③ 「位置情報」の◯をタップすると、写真を共有する際に位置情報を削除することができます。

●アプリのカメラやマイクの使用を確認する

① カメラやマイクを使用するアプリを起動すると、画面右上にカメラやマイクの使用を示すインジケーターが表示されます。

MEMO インジケーターの種類

上記のインジケーターがオレンジ色の場合は、アプリがマイクを使用しています。緑色の場合は、アプリがカメラもしくはカメラとマイクの両方を使用しています。

●アプリのトラッキングを完全に拒否する

① ホーム画面で<設定>→<プライバシー>の順にタップします。

② <トラッキング>をタップします。

③ <Appからのトラッキング要求を許可>の ● をタップすると、アプリのトラッキング（広告表示などに利用される利用者情報の収集）の許可画面すら表示せず、オフにすることができます。

MEMO アプリのトラッキングとは

ゲームなどの広告が表示されるアプリを起動した際、アプリのトラッキングを許可するかどうか確認する画面が表示されることがあります。これは、アプリやWebの利用履歴をもとに広告を表示してよいかどうかの確認のことで、その場で許可するかどうか決めることができます。利用履歴をもとにした広告を一切表示したくない場合は、上記の方法でアプリのトラッキングを完全に拒否することが可能です。

写真などのアクセス許可設定を確認する

① ホーム画面で<設定>→<プライバシー>の順にタップします。

② ここでは、<写真>アプリを利用したアプリを確認します。<写真>をタップします。

③ <Twitter>アプリが表示されました。<Twitter>をタップします。

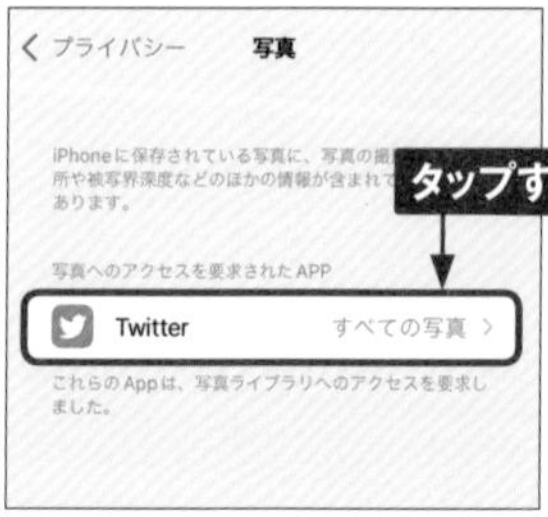

④ 許可範囲を変更することができます。なお、この画面は、<設定>→<Twitter>→<写真>からも表示することができます。

MEMO アプリのアクセス許可とは

写真を利用するアプリを起動した際、<写真>アプリのアクセス許可を求められることがあります。<すべての写真へのアクセスを許可>以外を選択すると、そのアプリの写真に関する機能が一部使えなくなるので、動作がおかしい場合は上記の方法でアクセス許可を確認しましょう。同様に、カメラやマイク、連絡先などのアクセス許可も確認・変更することができます。

メールのプライバシーを確認・変更する

① <メール>アプリの初回起動時に、「メールプライバシー保護」画面が表示されますが、設定を確認・変更することができます。ホーム画面で<設定>→<メール>の順にタップします。

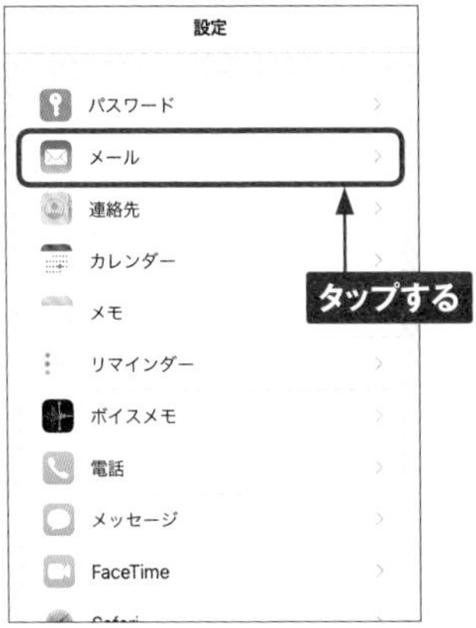

② <プライバシー保護>をタップします。

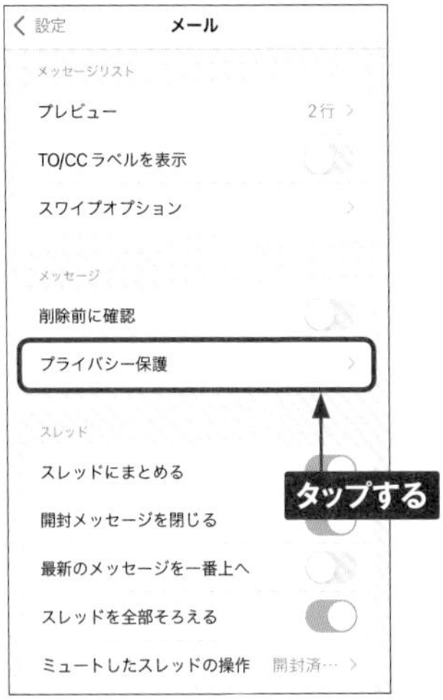

③ 現在は「"メール"でのアクティビティを保護」が有効になっています。トグルボタンをタップします。

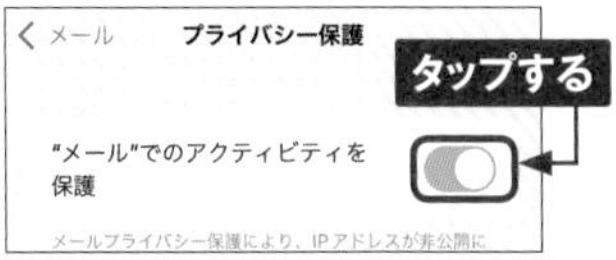

④ それぞれの項目を個別に設定することができます。手順③で有効になっている場合は、全項目が有効になります。

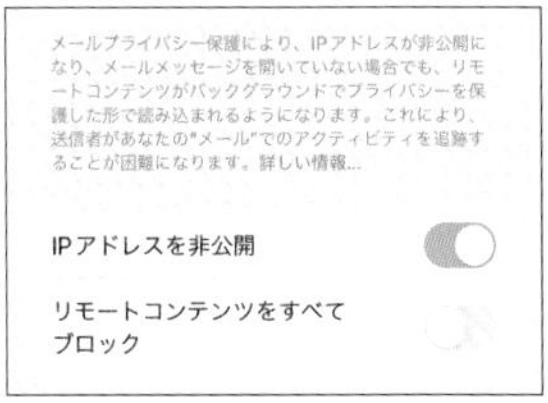

MEMO

メールのプライバシー設定とは

iOS 15では、メールに関して2つのプライバシー設定が行えるようになりました。「IPアドレスを非公開」は、メールを送ってきた相手に自分のIPアドレスが知られなくなる機能です。「リモートコンテンツをすべてブロック」は外部コンテンツの画像などをブロックする機能です。これらはメールを開いたかどうかを相手に確認できないようにするためのもので、基本的には、どちらの項目も有効にして問題ありません。

Section 63

背面タップでアプリを起動する

iPhoneの背面を2回または3回タップすると、アプリを起動したりiPhoneをロックしたりできる「背面タップ」という機能があります。初期設定ではオフとなっています。

背面タップを設定する

① ホーム画面で＜設定＞をタップして、＜アクセシビリティ＞をタップします。

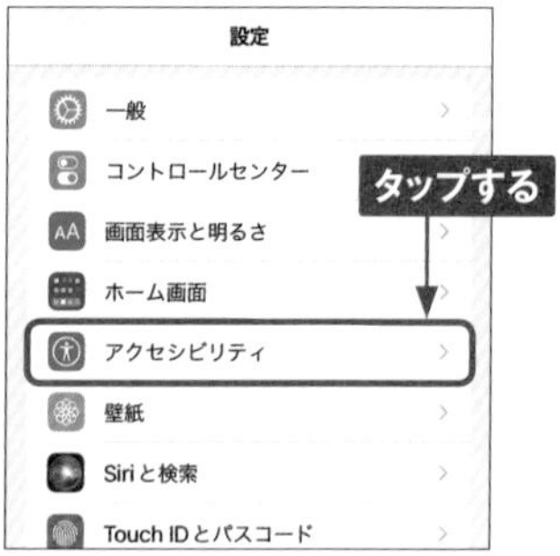

② ＜タッチ＞をタップします。

③ ＜背面タップ＞をタップします。

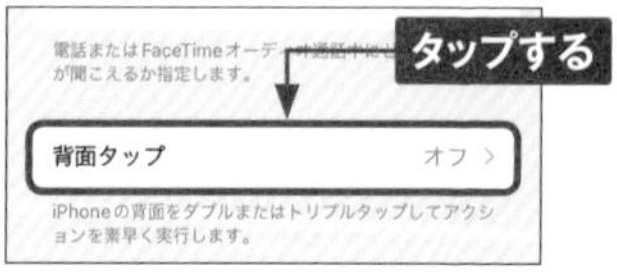

④ ＜ダブルタップ＞をタップします。

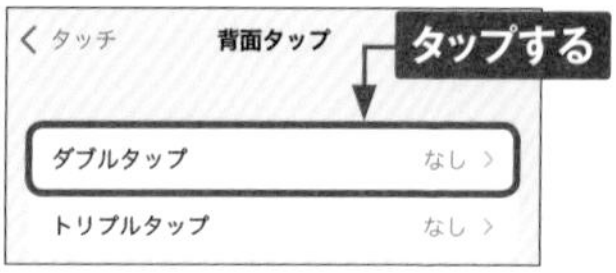

⑤ 背面をダブルタップしたときに行う動作をタップして割り当てます。トリプルタップの動作を割り当てるには、手順④で＜トリプルタップ＞をタップして同様に操作します。

Section 64

デフォルトのアプリを変更する

デフォルトで起動するアプリを変更することができます（2021年10月現在、ブラウザとメールのみ対応）。ここでは、ブラウザアプリを変更します。

標準のブラウザをChromeにする

1 ＜App Store＞でSec.42を参考に、あらかじめ＜Chrome＞アプリをダウンロードしておきます。

2 ＜設定＞→＜Chrome＞の順にタップします。

3 ＜デフォルトのブラウザApp＞をタップします。

4 ＜Chrome＞をタップしてチェックを付けます。

Section 65

画面ロックを設定する

iPhoneが勝手に使われてしまうのを防ぐために、iPhoneにパスコードを設定しましょう。初期状態では数字6桁のパスコードを設定することができます。

画面ロックを設定する

① ホーム画面で＜設定＞をタップします。

② ＜Touch IDとパスコード＞をタップします。

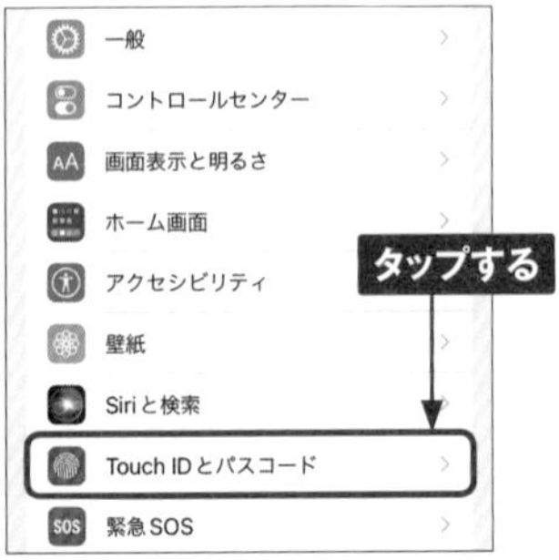

③ ＜パスコードをオンにする＞をタップします。

④ 6桁の数字を2回入力します。

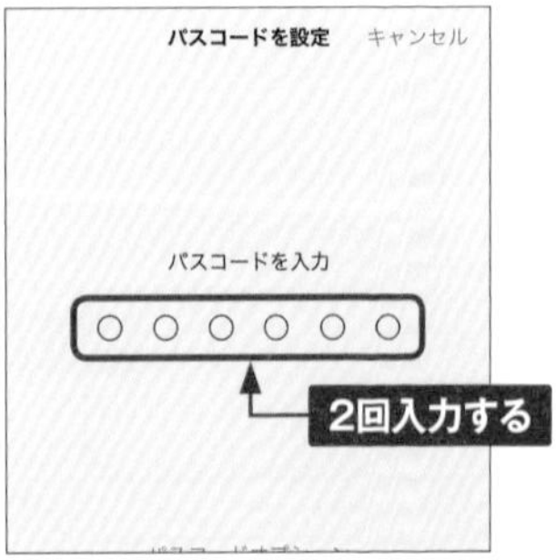

9

5 Apple IDのパスワードを入力し、＜サインイン＞をタップします。

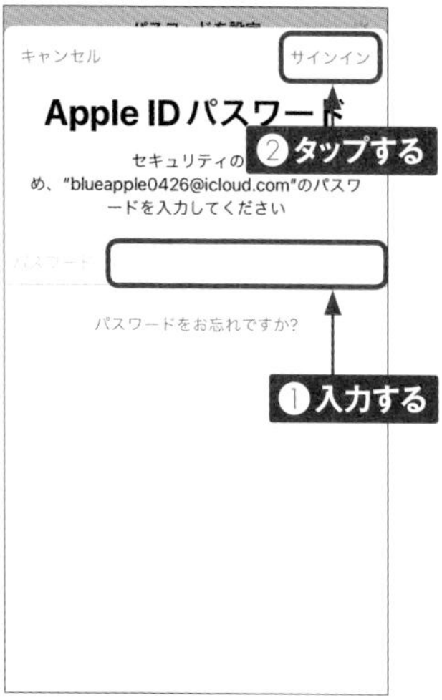

6 パスコードを設定すると、iPhoneの電源を入れたときや、スリープモードから復帰したときなどにパスコードの入力を求められます。

MEMO パスコードを変更・解除する

パスコードを変更するには、P.222手順③で＜パスコードを変更＞をタップします。はじめに現在のパスコードを入力し、次に新しく設定するパスコードを2回入力します。また、パスコードの設定を解除するには、P.222手順③で＜パスコードをオフにする＞をタップし、パスコードを入力します。

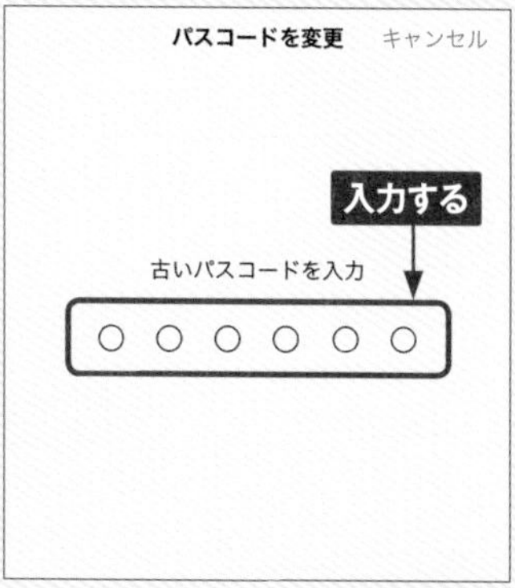

Section 66

指紋認証機能で セキュリティを強化する

iPhoneには、指紋認証（Touch ID）機能が搭載されています。指紋を認証登録すると、ロックの解除やiTunes Store、App Storeなどでパスワードの入力を省略することができます。

iPhoneにTouch IDを設定する

① ホーム画面で＜設定＞をタップします。

② ＜Touch IDとパスコード＞をタップします。パスコードが設定されている場合はパスコードを入力します。

③ ＜指紋を追加＞をタップします。

④ いずれかの指をホームボタンの上に置くと、指紋の登録が始まります。画面の指示に従って、指をタッチする、離すをくり返します。

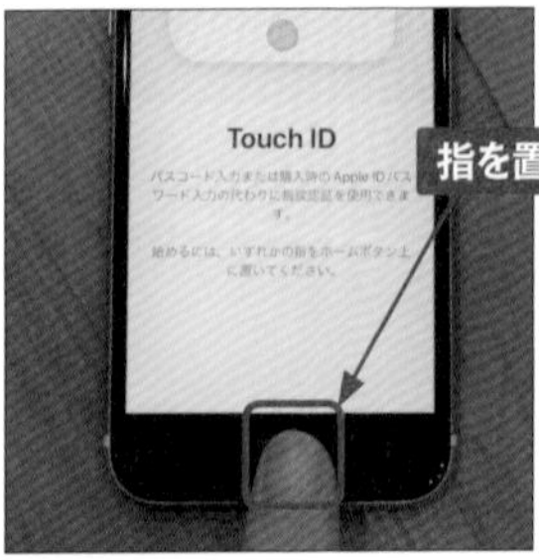

5 「グリップを調整」画面が表示されたら<続ける>をタップして、指紋認証を続けます。

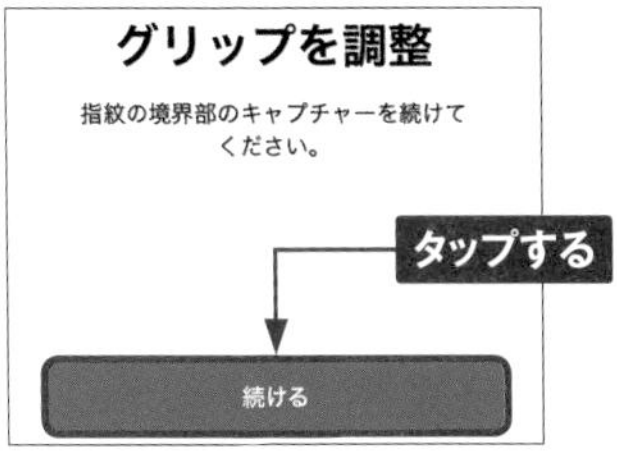

6 「完了」画面が表示されたら、<続ける>をタップします。

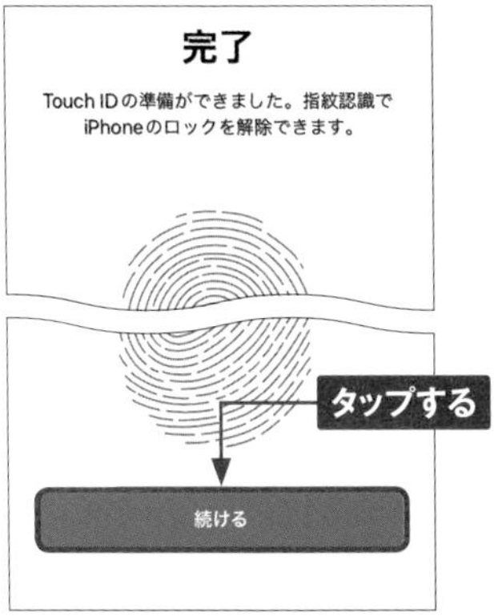

7 Touch IDが利用できない場合に使用するパスコードを、2回入力します。なお、すでにパスコードが設定されている場合は、この手順は省略されます。

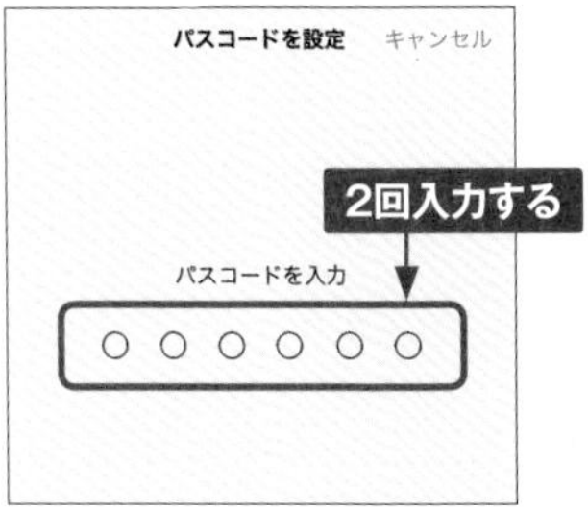

8 Apple IDのパスワードを入力し、<サインイン>をタップします。

9 <設定>をタップして完了します。

指紋認証でアプリをインストールする

① ＜App Store＞でSec.41を参考に、インストールしたいアプリを表示し、＜入手＞をタップします。

② 「Touch ID」画面が表示されたら、P.224手順④～P.225手順⑥で登録した指でホームボタンをタッチします。

③ インストールが自動で始まり、インストールが終わると、ホーム画面にアプリが追加されます。

MEMO 登録した指紋を削除する

登録した指紋を削除するには、P.225手順⑨の画面で、削除したい指紋をタップし、＜指紋を削除＞をタップします。

指紋認証でロック画面を解除する

1 スリープ状態のiPhoneを手前に傾けると、ロック画面が表示されます。指紋を登録した指以外の指でホームボタンを押すと、パスコード入力で解除することもできます。

2 P.224手順④～P.225手順⑥で登録した指でホームボタンを押します。

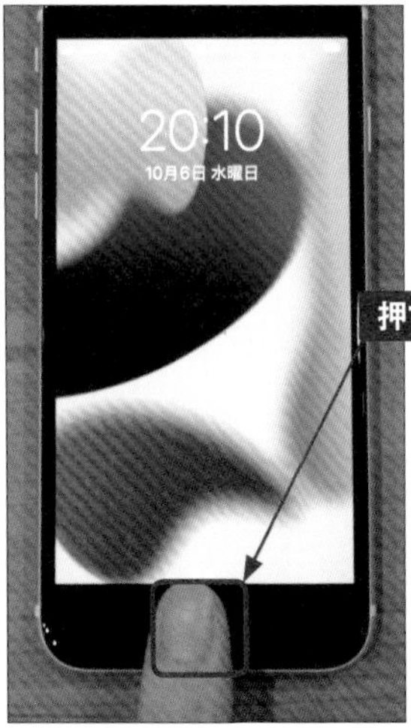

3 ロックが解除されます。なお、iPhoneを再起動した際は、必ずパスコードの入力が必要になります。

MEMO

パスコード入力が必要になるとき

指紋認証を設定していても、パスコードの入力が必要になる場合があります。再起動した際や、ロック画面の解除で指紋認証がうまくいかないときです。そのほか、アプリのインストール時に指紋認証がうまくできないと、パスコード入力画面が表示されます。また、指紋認証やパスコードの設定を変更する際は＜設定＞の＜Touch IDとパスコード＞から行いますが、このときもパスコードの入力が必要になります。

Section 67

通知を活用する

通知や通知センターから、さまざまな機能が利用できます。通知からSMSに返信したり、カレンダーの出席依頼に返答したりなど、アプリを立ち上げずにいろいろな操作が可能です。

バナーを活用する

●メッセージに返信する

① 画面にSMSメールのバナーが表示されたら、バナーを下方向にスワイプします。

② 入力欄に返信メッセージを入力し、をタップすると、メッセージが送信されます。

●メールを開封済みにする

① 画面にメールのバナーが表示されたら、バナーを下方向にスワイプします。

② ＜開封済みにする＞をタップするとメールを開封済みに、＜ゴミ箱＞をタップするとメールを「ゴミ箱」に移動させることができます。

MEMO **バナーが消えたときは**

バナーが消えてしまった場合は、ステータスバーを下方向にスワイプして通知センターを表示すると、バナーに表示された通知が表示されます。その通知をタップすると、メッセージの返信やメールの開封操作が行えます。

通知の要約を設定する

1 ホーム画面で＜設定＞をタップし、＜通知＞をタップします。

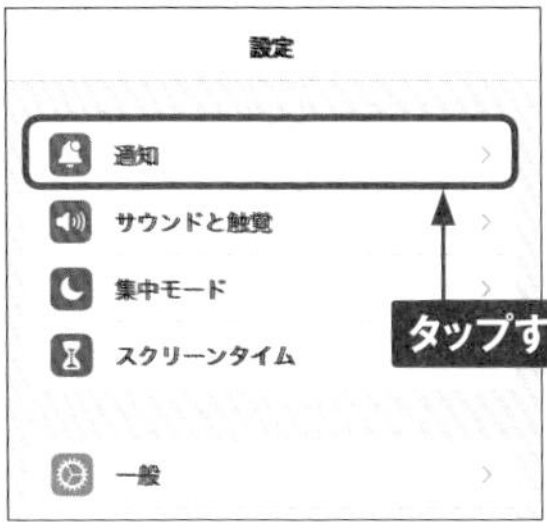

2 ＜時刻指定要約＞をタップします。

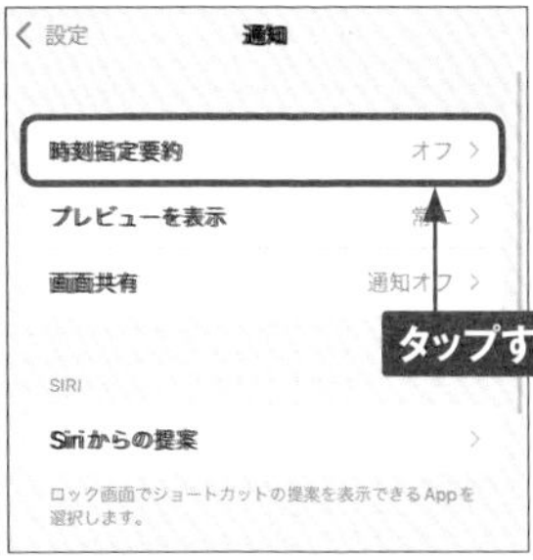

3 ＜時刻指定要約＞をタップします。初回は＜続ける＞をタップします。

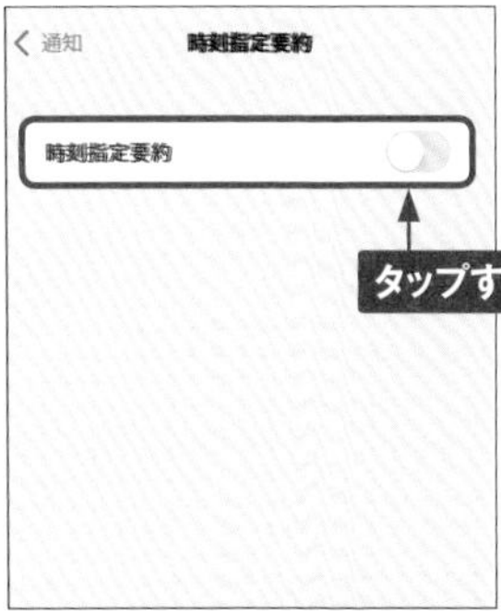

4 通知の要約に含めたいアプリをタップして選択し、＜○個のAppを追加＞をタップします。

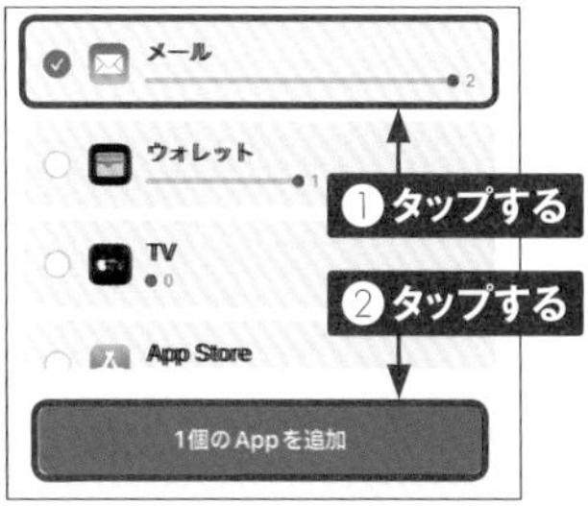

5 「1回目の要約」と「2回目の要約」の時間をタップして設定します。⊖をタップすると要約を削除でき、⊕をタップすると要約を追加できます。＜通知の要約をオンにする＞をタップします。

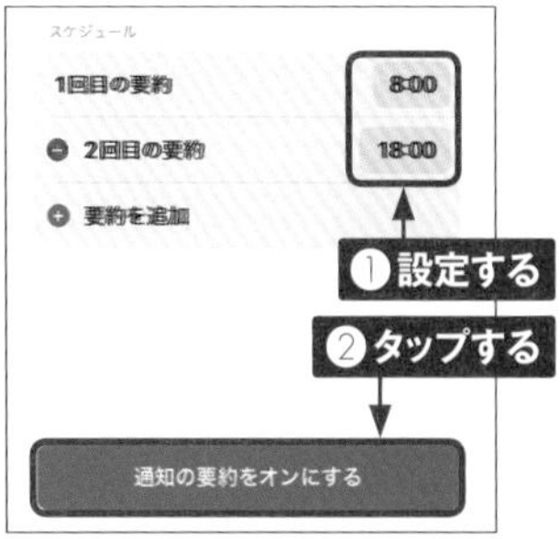

6 指定した時間に通知の要約が表示されます。

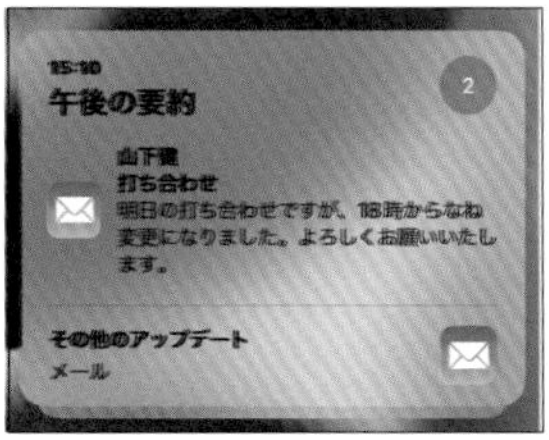

通知センターから通知を管理する

●通知をオフにする

① Sec.04を参考に、通知センターを表示します。通知を左方向にスワイプします。

② <オプション>をタップします。

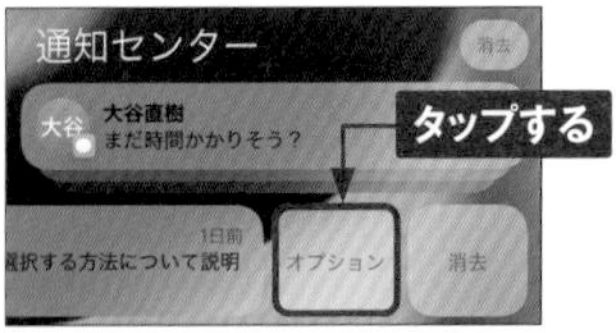

③ <1時間通知を停止>または<今日は通知を停止>をタップすると、そのアプリの通知指定期間内は通知されなくなり、<オフにする>をタップすると通知がされなくなります。<設定を表示>をタップすると、P.231のような通知設定画面が表示されます。

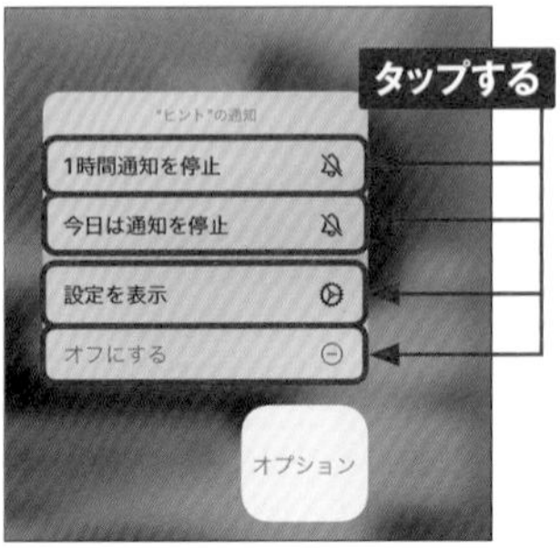

●グループ化した通知を消去する

① グループ化した通知をタップします。なお、左方向にスワイプすると、左の手順②で<消去>が<すべて消去>に変わったメニューが表示されます。

② グループ化された通知が展開されます。各通知を左方向にスワイプすると、左の手順②の画面が表示されます。アプリ名の右の☒→<消去>の順にタップすると、そのアプリの通知をすべて消去できます。

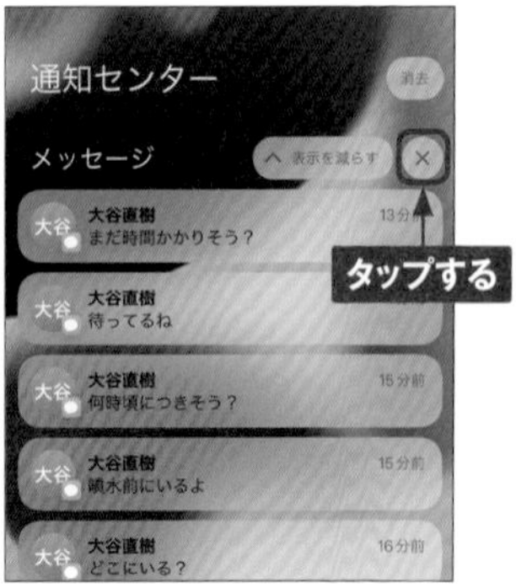

通知設定の詳細を知る（メッセージの場合）

❶「通知を許可」を にすると、すべての通知が表示されなくなります。

❷「即時通知」を にしていると通知をすぐに配信してくれます。

❸「ロック画面」をタップしてチェックを付けると、ロック画面に通知が表示されます。

❹「通知センター」をタップしてチェックを付けると、ステータスバーを下方向にスワイプすると表示される通知センターに通知が表示されます。

❺「バナー」をタップしてチェックを付けると、通知が画面上部に表示されます。

❻「バナー」の通知方法を変更できます。<一時的>を選ぶと、通知が画面上部に表示され、一定時間が経過すると消えます。<持続的>を選ぶと、通知をタップするまで表示され続けます。

❼「サウンド」では、通知の際の通知音やバイブレーションが設定できます。

❽「バッジ」を にすると、ホーム画面に配置されている該当するアプリのアイコンの右上に、新着通知の件数が表示されます。

❾「プレビューを表示」を<しない>にすると、通知にメッセージなどの内容が表示されず、何に関する通知かが表示されます。

❿「通知のグループ化」では、いくつかの異なるスレッドをまとめて通知されるように設定できます。

⓫「通知をカスタマイズ」では、「通知を繰り返す」が設定でき、2分ごとに通知音を何回くり返すかを設定できます。くり返しはロック画面などでオンになり、<なし><1回><2回><3回><5回><10回>から選択できます。

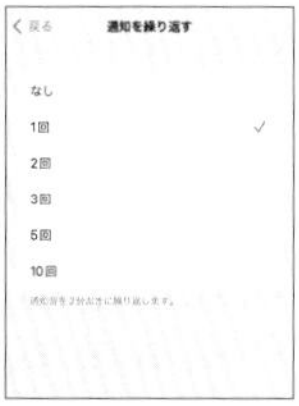

Section 68

集中モードを活用する

iOS 15では「おやすみモード」が集中モードに統合され、集中モードに設定している間は通知がされないようにすることができます。集中モードはコントロールセンターから設定します。

おやすみモードを有効にする

① P.24手順①を参考にコントロールセンターを表示し、をタップします。

② ＜おやすみモード＞をタップします。

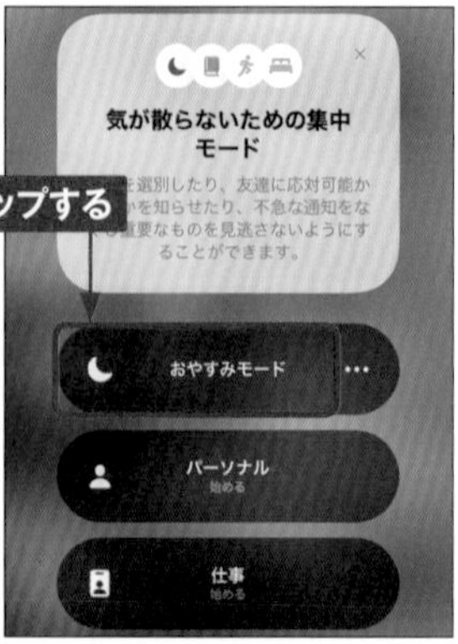

③ おやすみモードがオンになります。何もないところをタップします。

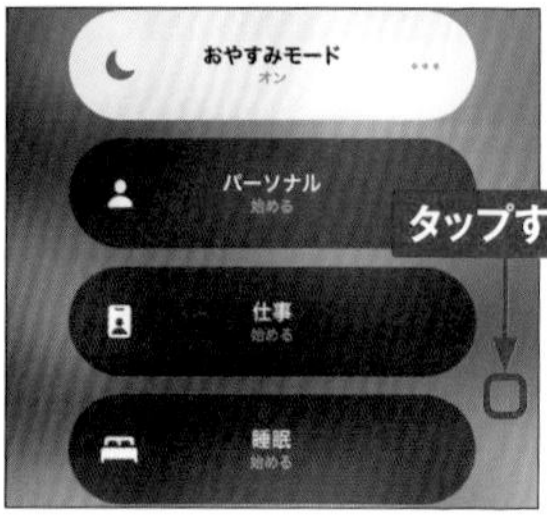

④ コントロールセンターに戻ります。をタップすると、おやすみモードがオフになります。次回以降は、をタップするとおやすみモードをオンにできます。

集中モードを設定する

① P.232手順①の画面で<集中モード>をタップします。

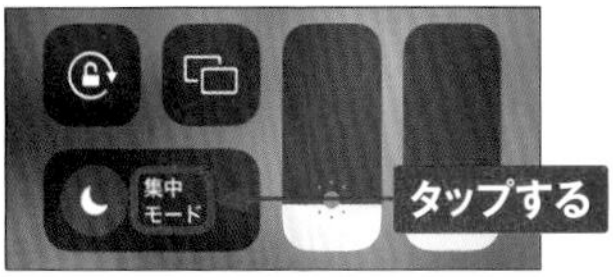

② 設定したいモード（ここでは<パーソナル>）を選択してタップします。次の画面で<次へ>をタップします。

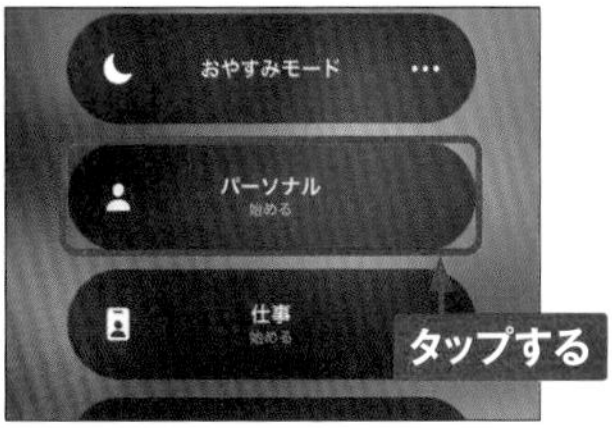

③ 集中モード中でも通知を許可する連絡先を設定します。設定したら<許可>をタップします。受け取りたくない場合は<誰も許可しない>をタップします。

④ 集中モード中でも通知を許可するアプリを設定します。設定したら<許可>をタップします。受け取りたくない場合は<何も許可しない>をタップします。次の画面で<完了>をタップします。

⑤ 再度手順②の画面を表示して、設定した<パーソナル>をタップします。

⑥ 「パーソナル」に設定した集中モードがオンになります。

Section 69

画面の文字サイズを変更する

iPhoneでは、<設定>アプリや<メール>アプリ、<メモ>アプリなどのテキストサイズを変更することができます。文字サイズを変更して画面を見やすくしてみましょう。

文字サイズを変更する

① ホーム画面で<設定>をタップします。

② <画面表示と明るさ>をタップします。

③ <テキストサイズを変更>をタップします。

④ を左右にドラッグすると、文字サイズを変更できます。

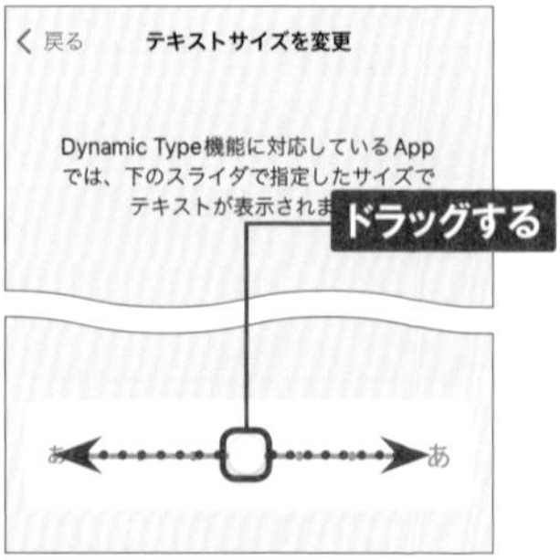

Section 70

自動的にロックがかかる時間を変更する

iPhoneをしばらく放置すると自動的にロックがかかりますが、ロックがかかるまでの時間を変更することができます。使用状況に応じて変更しましょう。

自動的にロックのかかる時間を変更する

1 ホーム画面で<設定>をタップします。

2 <画面表示と明るさ>をタップします。

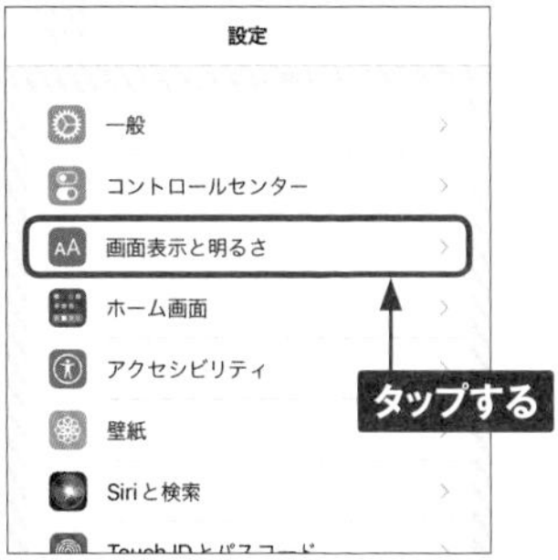

3 <自動ロック>をタップします。

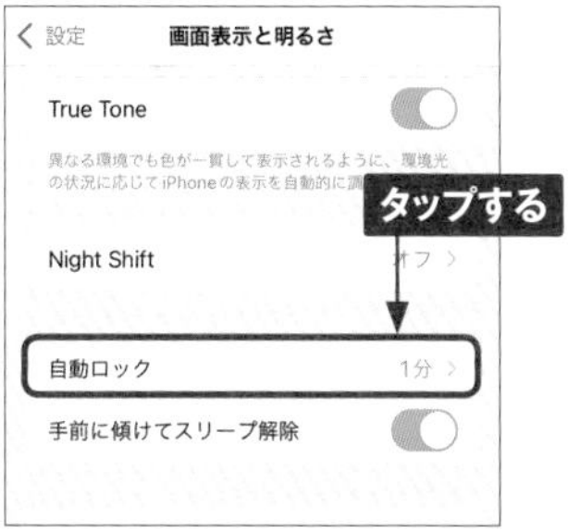

4 ロックがかかるまでの時間をタップします。<なし>をタップすると自動ロックがかからなくなります。

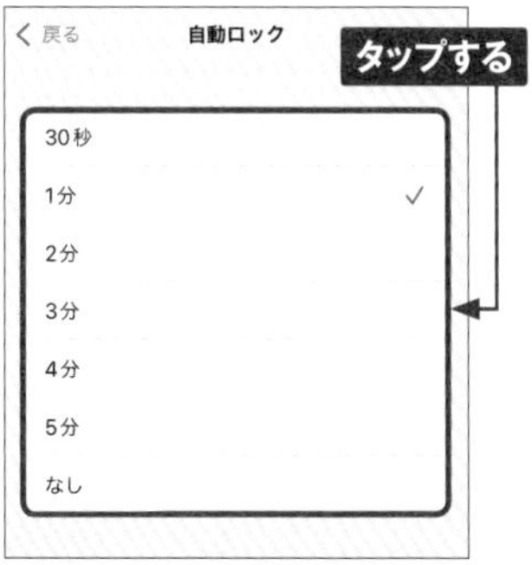

Section 71

目に優しい画面にする

iPhoneには、ブルーライトを軽減できる「Night Shift」機能があります。就寝時や暗い場所で操作するときに目の疲れを軽減できます。

9

ブルーライトをカットする

① ホーム画面で＜設定＞をタップし、＜画面表示と明るさ＞をタップします。

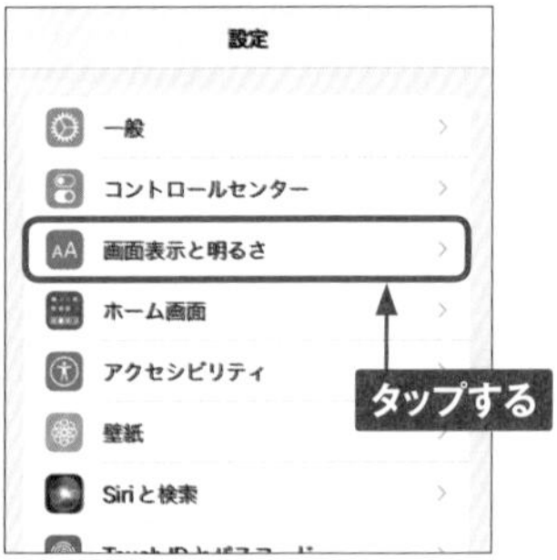

② ＜Night Shift＞をタップします。

③ 「時間指定」の をタップします。

④ ＜開始 終了＞をタップして、開始時間と終了時間を設定します。指定した時間に、Night Shiftが利用できます。

Section 72

ダークモードを利用する

iPhoneでは「ダークモード」を利用することができます。ダークモード状態では、暗い場所でも画面が見やすく目が疲れにくくなり、バッテリーの消費を抑えることができます。

ダークモードを利用する

1 ホーム画面で＜設定＞をタップします。

2 ＜画面表示と明るさ＞をタップします。

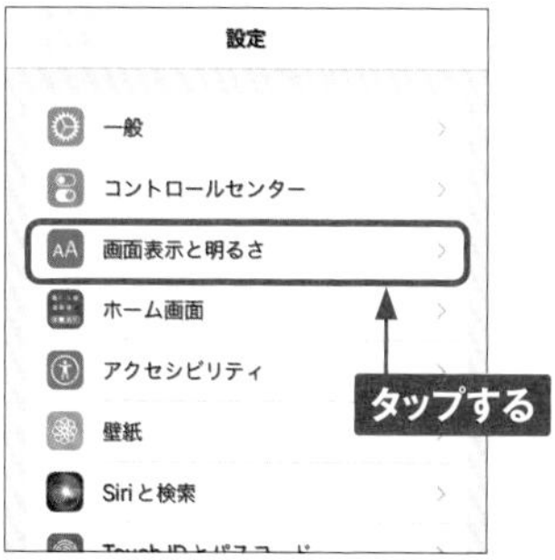

3 ＜ダーク＞をタップします。

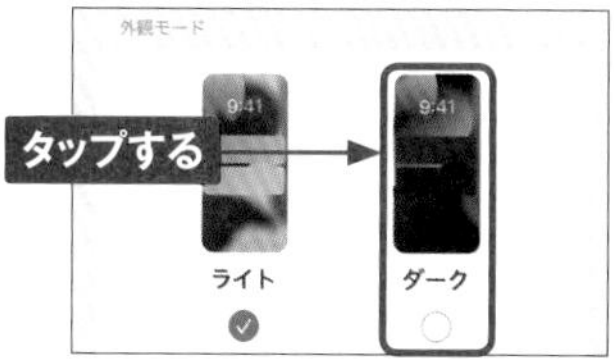

4 ダークモードに切り替わります。もとに戻したい場合は、＜ライト＞をタップします。

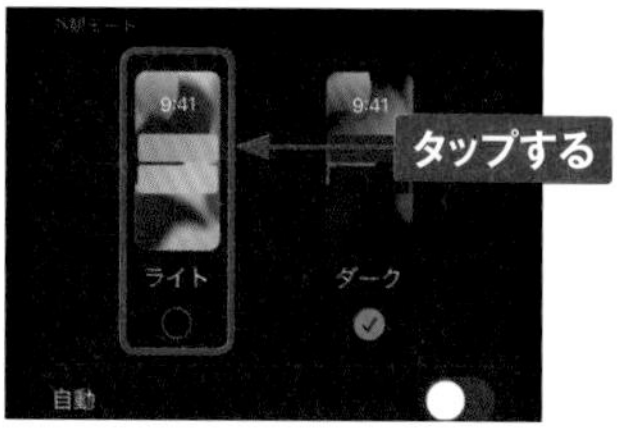

MEMO 初期設定時にも設定できる

Sec.79の初期設定時にも、ダークモードを設定することができます。

9

Section 73

アラームを利用する

iPhoneの<時計>アプリには、アラーム機能が搭載されています。この機能を使えば設定した時間に音で通知するほか、くり返し鳴らす、いろいろなサウンドを鳴らすといったことができます。

アラームを設定した時間に鳴らす

1 ホーム画面で<時計>をタップします。

2 <アラーム>をタップします。

3 ＋をタップします。

4 画面上部の時間を上下にスワイプするか、直接数字を入力して、アラームを鳴らす時間を設定します。

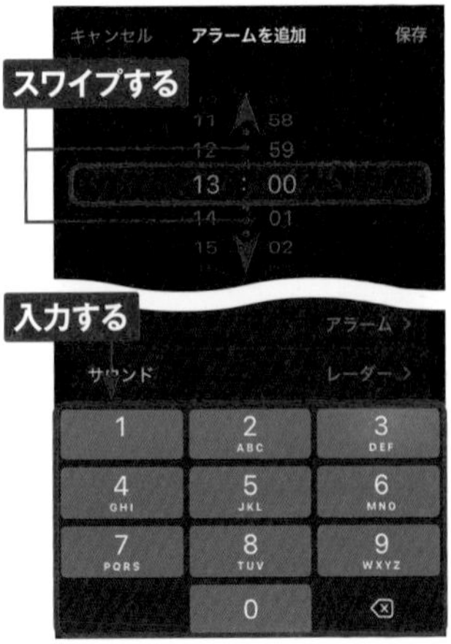

⑤ アラームのくり返しやサウンドについて、それぞれタップして設定します。設定が完了したら＜保存＞をタップします。

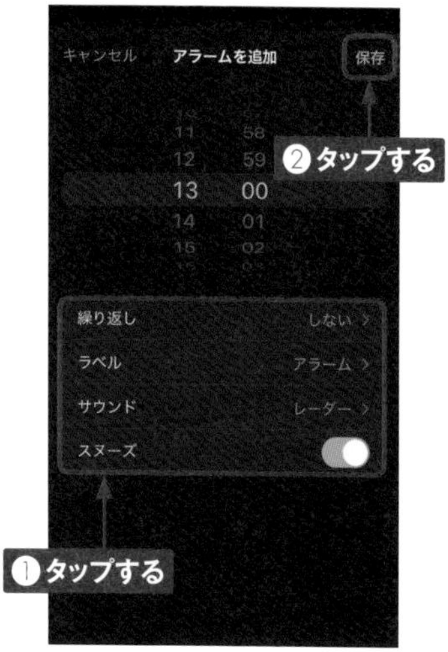

⑥ アラームの設定が完了します。

⑦ 設定した時間になると音が鳴り、ダイアログが表示されます。スリープ状態では＜停止＞をタップすると、アラームが停止します。操作中の場合は、バナーをスワイプして＜停止＞をタップします。

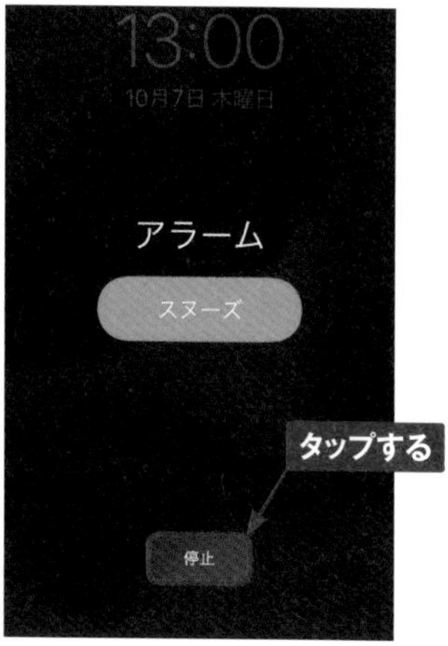

MEMO アラームを削除する

アラームを削除するには、手順⑥の画面左上にある＜編集＞をタップし、⊖→＜削除＞の順にタップします。

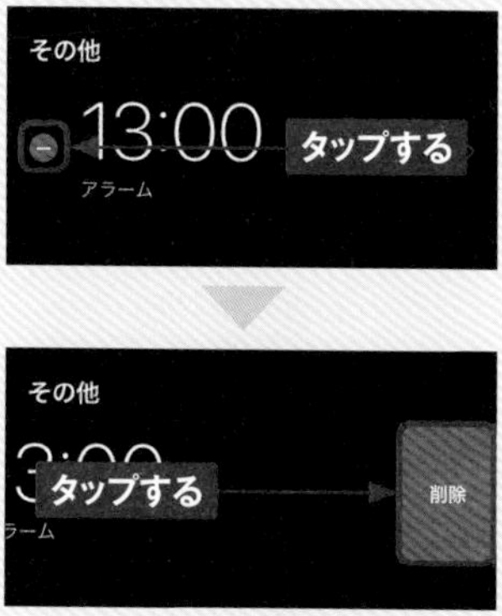

9

Section 74

Bluetooth機器を利用する

iPhoneは、Bluetooth対応機器と接続して、音楽を聴いたり、キーボードを利用したりすることができます。Bluetooth対応機器を使うには、ペアリング設定をする必要があります。

Bluetoothのペアリング設定を行う

① ホーム画面で＜設定＞をタップします。

② ＜Bluetooth＞をタップします。

③ 「Bluetooth」が であることを確認します。

④ Bluetooth接続したい機器の電源を入れ、ペアリングモードにします。ここでは、Bluetooth対応のスピーカーを例に説明します。

5 Bluetooth接続できる機器が表示されます。ペアリングしたい機器をタップします。

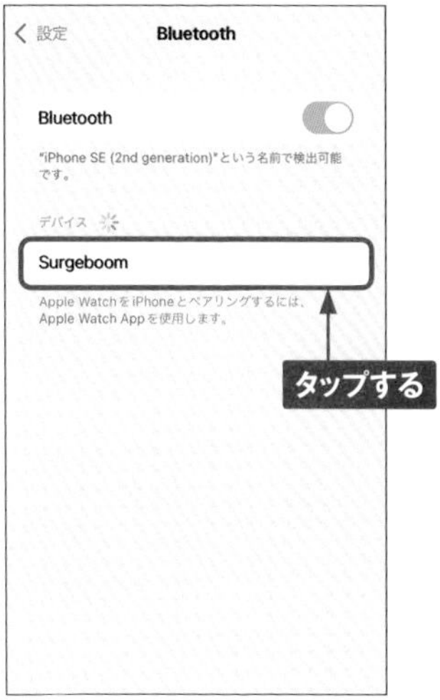

6 手順⑤のあとで、「PINを入力」画面が表示された場合は、Bluetooth機器のパスコードを入力し、＜ペアリング＞をタップします。パスコードは、Bluetooth機器の取扱説明書や画面の表示などを確認してください。

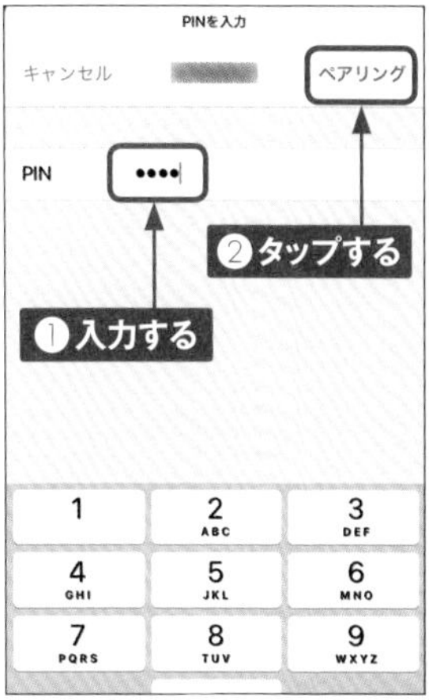

7 ペアリング設定が完了しました。「自分のデバイス」に表示されている接続したBluetooth機器名の右側に「接続済み」と表示されます。

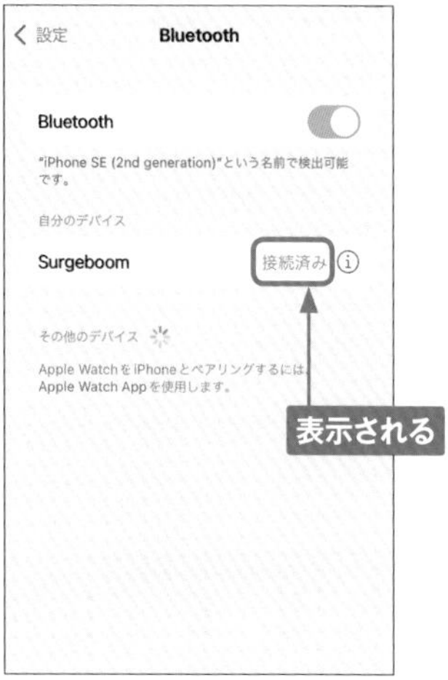

8 Bluetooth機器が接続されると、画面上部のステータスバーにアイコンが表示されます。

インターネット共有を利用する

「インターネット共有」(テザリング)は、モバイルWi-Fiルーターとも呼ばれる機能です。iPhoneを経由して、無線LANに対応したパソコンやゲーム機などをインターネットにつなげることができます。

インターネット共有を設定する

1 ホーム画面で<設定>をタップします。

2 <インターネット共有>をタップします。インターネット共有機能が利用できないときは、タップできません。キャリアやMVNOによっては有料の場合もあります。

3 「ほかの人の接続を許可」の をタップします。

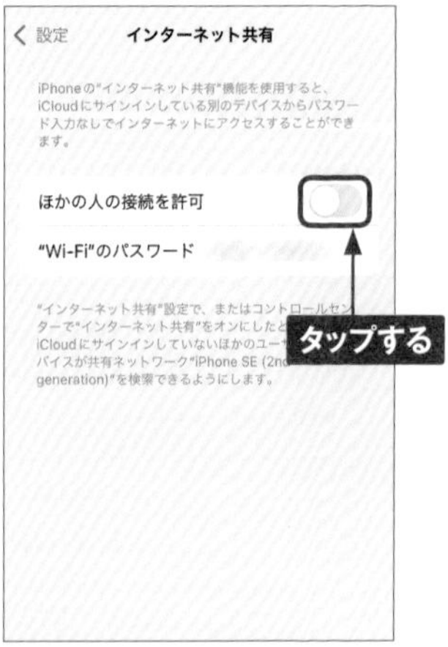

MEMO Wi-Fiのパスワードを変更する

P.243手順⑤の画面で、<"Wi-Fi"のパスワード>をタップし、パスワードを入力して、<完了>をタップすると、Wi-Fiのパスワードを変更することができます。

4 「Wi-FiとBluetoothはオフです」画面が表示された場合は、<Wi-FiとBluetoothをオンにする>をタップします。

設定
インターネット共有
iPhoneの"インターネット共有"機能を使用すると、iCloudにサインインしている別のデバイスからパスワード入力なしでインターネットにアクセスすることができます。
ほかの人の接続を許可
Wi-Fi と Bluetooth はオフです
インターネット接続はUSB経由でのみ共有されます。Wi-FiおよびBluetooth経由でも共有できるようにしますか?
Wi-Fi と Bluetoothをオンにする
USBのみ
タップする

5 インターネット共有がオンになりました。

設定
インターネット共有
iPhoneの"インターネット共有"機能を使用すると、iCloudにサインインしている別のデバイスからパスワード入力なしでインターネットにアクセスすることができます。
ほかの人の接続を許可
"Wi-Fi"のパスワード
"インターネット共有"設定で、またはコントロールセンターで"インターネット共有"をオンにしたときに、iCloudにサインインしていないほかのユーザーまたはデバイスが共有ネットワーク"iPhone SE (2nd generation)"を検索できるようにします。
Wi-Fiで接続するには
1 コンピュータまたはその他のデバイスのWi-Fi設定で"iPhone SE (2nd generation)"を選択
1 iPhoneをBluetoothデバイスとしてコンピュータにペアリングします。
接続する端末に表示されるネットワーク名
接続時に必要なパスワード

6 Sec.17を参考に、ほかの端末でiPhoneのネットワークに接続します。

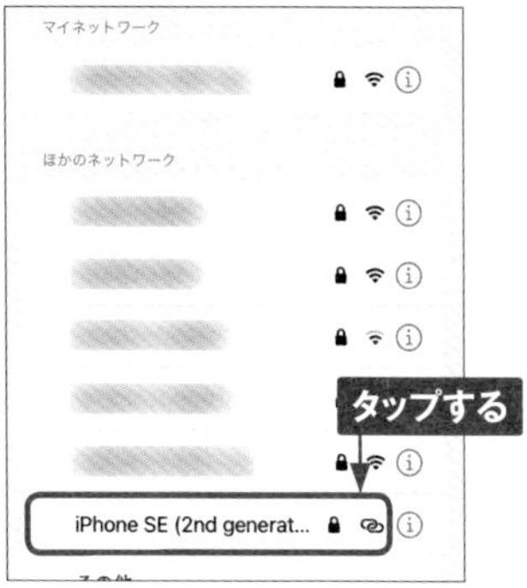
マイネットワーク
ほかのネットワーク
タップする
iPhone SE (2nd generat...

7 ほかの端末からWi-Fi接続されると、画面上部が緑色になります。

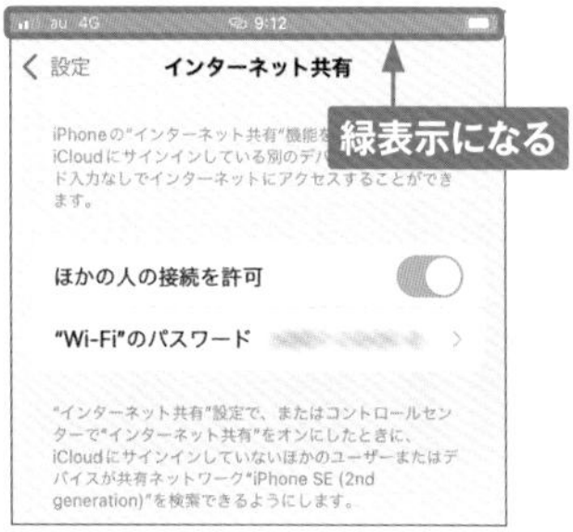
au 4G
9:12
設定
インターネット共有
緑表示になる
ほかの人の接続を許可
"Wi-Fi"のパスワード
"インターネット共有"設定で、またはコントロールセンターで"インターネット共有"をオンにしたときに、iCloudにサインインしていないほかのユーザーまたはデバイスが共有ネットワーク"iPhone SE (2nd generation)"を検索できるようにします。

MEMO iPhoneの名前の変更

インターネット共有がオンになっているときは、周囲のデバイスに自分のiPhoneの名前が表示されます。表示される名前を変更したいときは、ホーム画面で<設定>→<一般>→<情報>→<名前>の順にタップし、任意の名前を入力します。

Section **76**

スクリーンショットを撮る

OS・Hardware

iPhoneでは、画面のスクリーンショットを撮影し、その場で文字などを追加することができます。なお、通話中の画面など、一部の画面ではスクリーンショットが撮影できません。

スクリーンショットを撮影する

① スクリーンショットを撮影したい画面を表示し、サイドボタンとホームボタンを同時に押して離します。

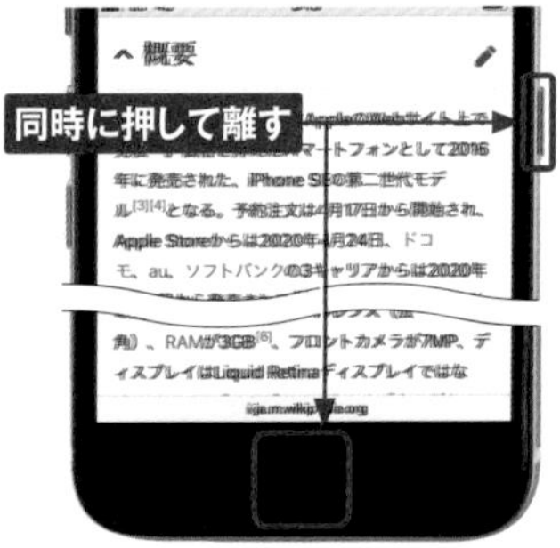
^ 概要
同時に押して離す

② スクリーンショットが撮影されます。画面左下に一時的に表示されるサムネイルをタップします。

画面サイズは4.7インチ。
iPhone 8の筐体とiPhone 11、iPhone 11 Pro、
iPhone 11 Pro MaxのSoC A13Bionicチップを組み
合わせ高音質なEVS-SWB (VoLTE) に対応したモ
デル。2016年3月31日に発売されたiPhone SE
（第1世代）と同様、旧モデルをベースに最新の
SoCを組み合わせている。
タップする
ja.m.wikipedia.org

③ をタップして表示されるペンをタップして、文字などを追加できます。＜完了＞をタップします。

完了
^ 概要
タップする

④ ＜“写真”に保存＞をタップします。保存したスクリーンショットは、＜写真＞アプリで確認できます。

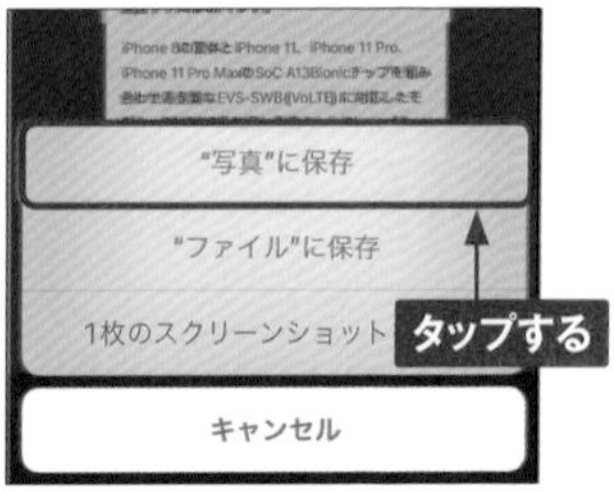
“写真”に保存
“ファイル”に保存
1枚のスクリーンショット
タップする
キャンセル

Chapter 10

iPhoneを初期化・再設定する

Section 77

iPhoneを強制的に再起動する

iPhoneを使用していると、突然画面が反応しなくなってしまうことがあるかもしれません。いくら操作してもどうにもならない場合は、iPhoneの強制終了を試してみましょう。

iPhoneを強制的に再起動する

① 音量ボタンの上を押してすぐ離し、音量ボタンの下を押してすぐ離します。サイドボタンを手順②の画面が表示されるまで長押しします。

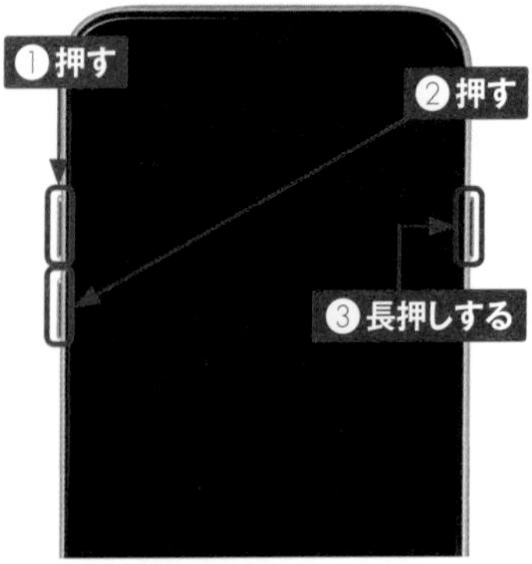

② iPhoneが強制的に再起動されるので、Appleのロゴが表示されたらサイドボタンから指を離します。

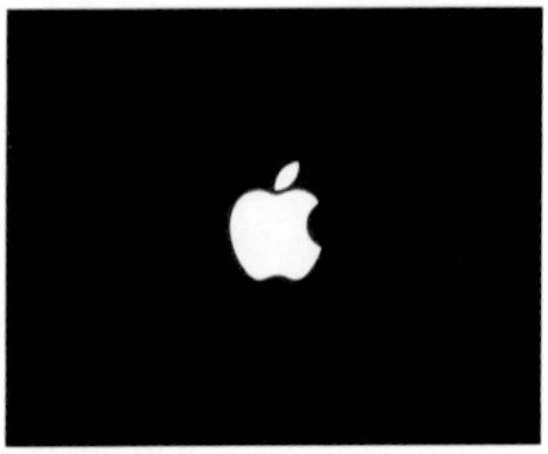

③ ロック画面が表示されます。パスコード設定時はパスコード入力が必要です。

MEMO **緊急SOSについて**

iPhone SEでは、サイドボタンと音量ボタンのどちらかを同時に押し続け、<SOS>を右方向にドラッグすると、110番や119番などの緊急サービスに連絡することができます。なお、緊急サービスへ自動通報を行いたいときは、ホーム画面で<設定>→<緊急SOS>の順にタップし、「自動通報」をオンにしておきましょう。

Section **78**

iPhoneを初期化する

iPhone内の音楽や写真をすべて消去したい場合や、ネットワークの設定やキーボードの設定などを初期状態に戻したい場合は、<設定>アプリから初期化（リセット）が可能です。

iPhoneを初期化する

① ホーム画面で<設定>→<一般>の順にタップします。

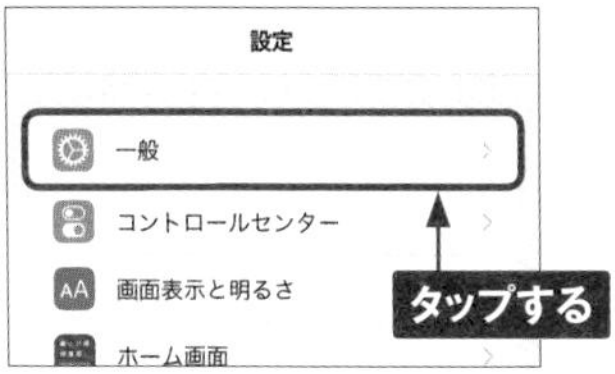

② <転送またはiPhoneをリセット>をタップします。

③ <すべてのコンテンツと設定を消去>をタップします。

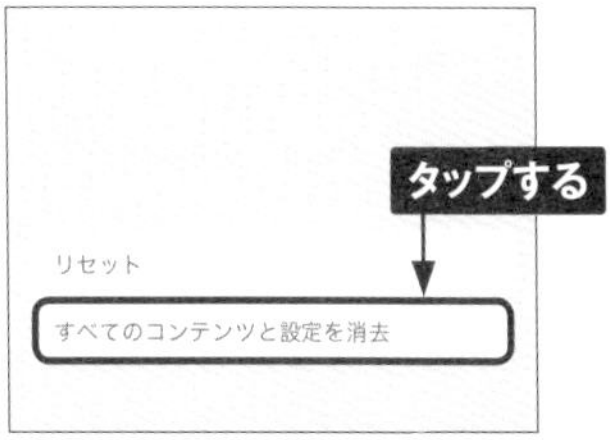

④ <続ける>をタップします。パスコードを設定している場合は、次の画面でパスコードを入力すると、自動でバックアップデータが作成されます。

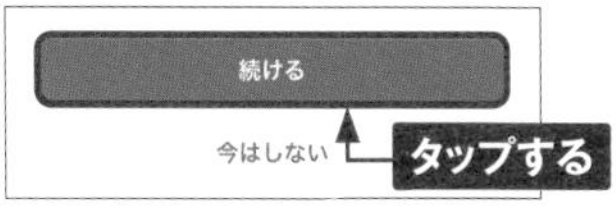

⑤ Apple IDをiPhoneに設定している場合は、Apple IDのパスワードを入力し、<オフにする>をタップします。

⑥ <iPhoneを消去>をタップします。

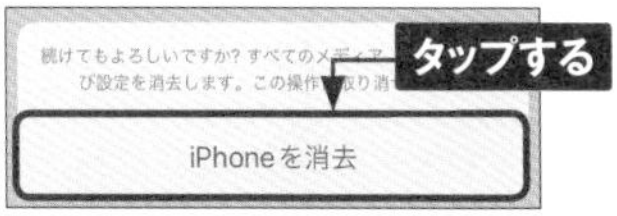

Section 79

iPhoneの初期設定を行う

iPhoneを初期化すると、再起動後に初期設定を行う必要があります。初期設定は画面の指示に従って項目を設定するだけなので、かんたんに行うことができます。

初期設定をする

① Sec.78の方法で初期化すると再起動され、下の画面が表示されます。ホームボタンを押します。

② <日本語>をタップします。

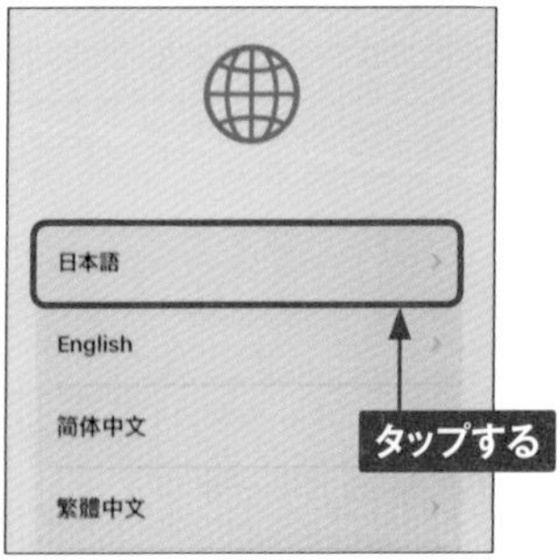

③ 「国または地域を選択」画面が表示されます。<日本>をタップします。

④ 「クイックスタート」画面が表示されるので、<手動で設定>をタップします。

5 「文字入力および音声入力の言語」画面が表示されたら、<続ける>をタップします。

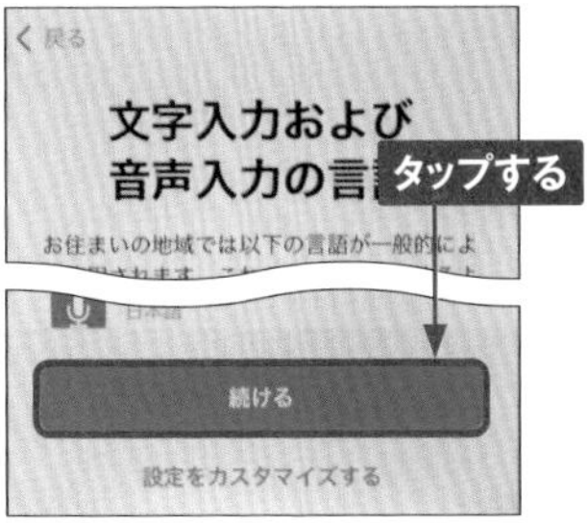

6 「Wi-Fiネットワークを選択」画面が表示されます。回線をタップします。Wi-Fiを設定しない場合は、<モバイルデータ通信回線を使用>をタップします。

7 手順⑥でタップした回線のパスワードを入力し、<接続>→<次へ>の順にタップします。

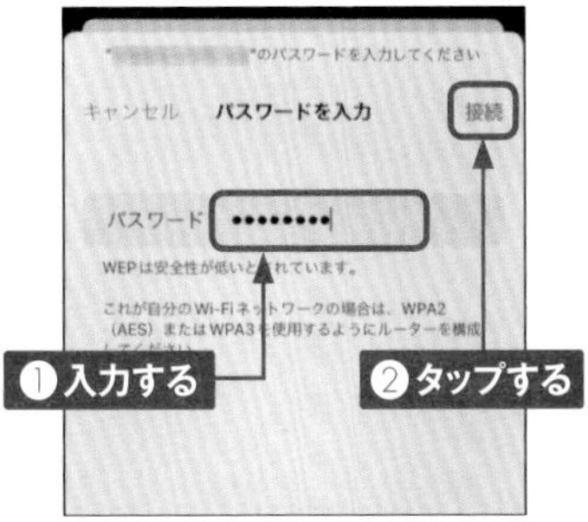

8 「データとプライバシー」画面で<続ける>をタップすると、「Touch ID」画面が表示されます。<Touch IDをあとで設定>→<使用しない>の順にタップします。Touch IDを設定する場合は、Sec.66を参考に設定します。

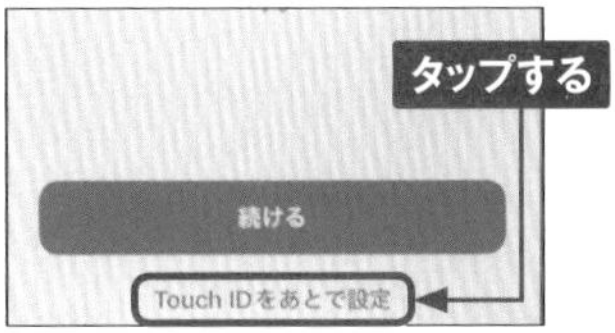

9 「パスコードを作成」画面が表示されます。Sec.65を参考に6桁のパスコードを2回入力します。

MEMO

古いiPhoneからのデータ移行

iPhoneには、かんたんに情報を移行できる「クイックスタート」が用意されています。P.248手順④の画面で古いiPhoneと新しいiPhoneを近付けるだけで、Wi-Fiの設定やApple IDのメールアドレス、パスワードなどの情報を移行できます。また、旧・新iPhoneともに、iOS 12.4以降であれば、全データを直接転送することができます。

⑩ 「Appとデータ」画面が表示されます。ここでは、＜Appとデータを転送しない＞をタップします。バックアップから復元する場合は、Sec.80を参考にしてください。

⑪ Apple IDのサインイン画面が表示されます。Apple IDのメールアドレスを入力して、＜次へ＞をタップします。Apple IDがない場合は、＜パスワードをお忘れかApple IDをお持ちでない場合＞をタップして、画面の指示に従います。

⑫ パスワードを入力し、＜次へ＞をタップします。

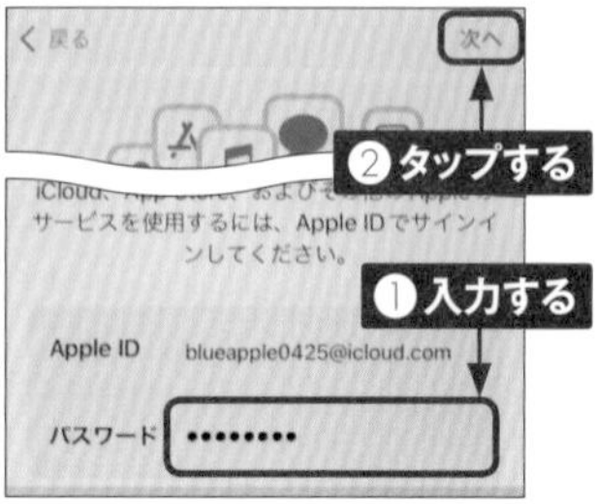

⑬ 「利用規約」画面が表示されます。よく読み、問題がなければ＜同意する＞をタップします。

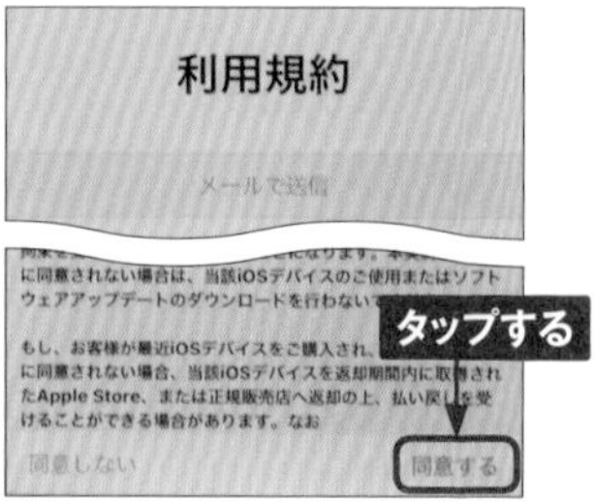

⑭ 「新しいiPhoneに設定を移行」画面が表示されたら、＜設定をカスタマイズする＞をタップします。「iPhoneを常に最新の状態に」画面が表示されたら、＜続ける＞をタップします。

⑮ 「位置情報サービス」画面が表示されたら、＜位置情報サービスをオンにする＞をタップします。

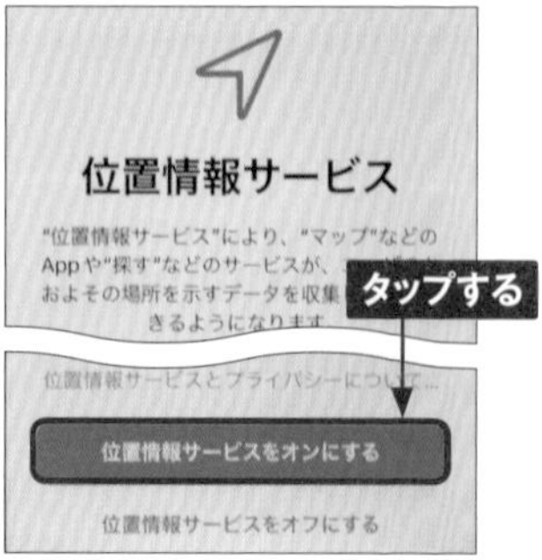

16 「Pay」画面が表示されたら、<あとでウォレットでセットアップ>をタップします。「iCloudキーチェーン」画面が表示された場合は、<iCloudキーチェーンを使用しない>をタップします。

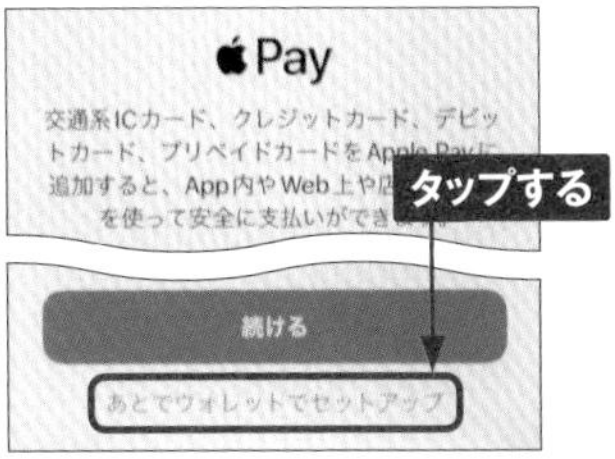

17 「Siri」画面と「スクリーンタイム」画面が表示されます。いずれも<あとで“設定”でセットアップ>をタップします。

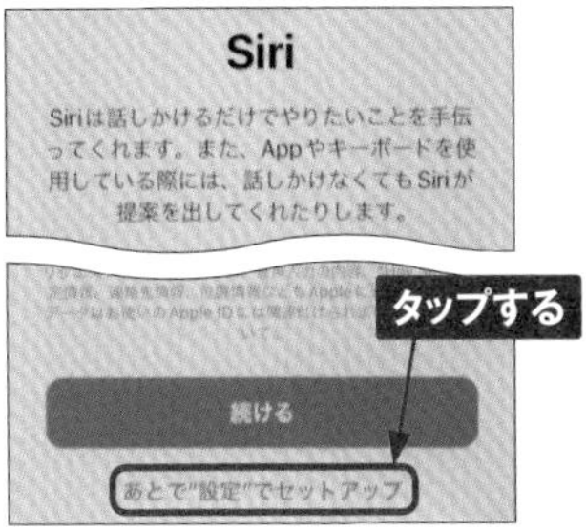

18 「iPhone解析」画面が表示されたら、<Appleと共有>をタップします。「App解析」画面が表示されたら、<Appデベロッパと共有>をタップします。

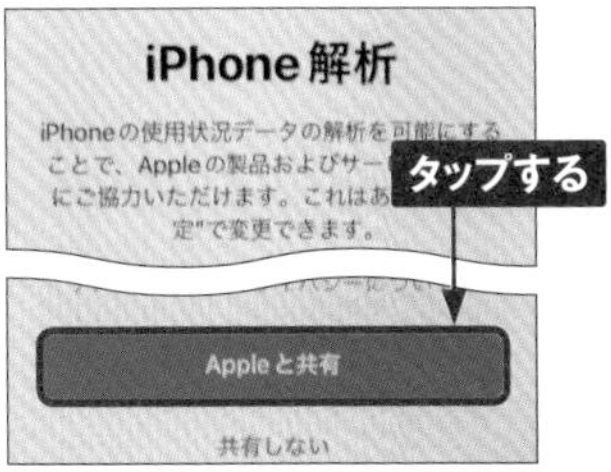

19 「外観モード」画面と「拡大表示」画面が表示されます。いずれも<続ける>をタップします。

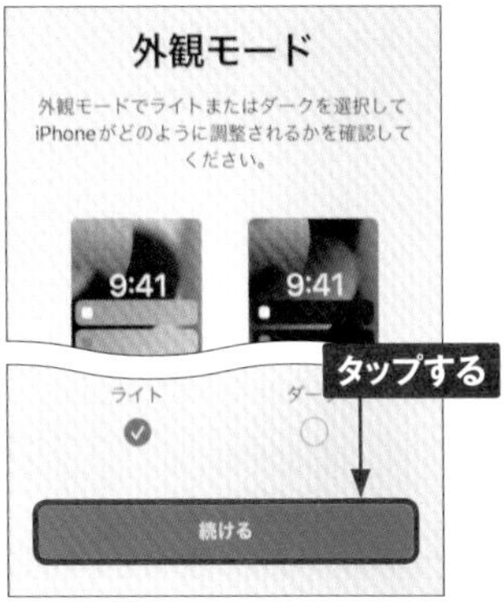

20 「ようこそiPhoneへ」画面が表示されたら、初期設定は完了です。<さあ、はじめよう!>をタップすると、ホーム画面が表示されます。

MEMO キャリア設定アップデート

初期設定終了後など、「キャリア設定アップデート」画面が表示される場合があります。その場合は、画面の指示に従って設定を行いましょう。

10

Section 80

iCloudバックアップから復元する

iPhoneの初期設定のときに、iCloudへバックアップ（Sec.53参照）したデータから復元して、iPhoneを利用することができます。ほかのiPhoneからの機種変更のときや、初期化したときなどに便利です。

iCloudバックアップから復元されるデータ

古いiPhoneから機種変更をしたときや、初期化を行ったときには、iCloudにバックアップしてあったデータの復元が可能です。写真や動画、各種設定などが復元され、App Storeでインストールしたアプリは自動的にダウンロードとインストールが行われます。

●写真・動画

過去に撮影した写真や動画は、iCloudのバックアップから復元されます。

●設定

各種設定やメッセージなども復元されます。

●アプリ

初期化する前にインストールしたアプリが再インストールされ、ホーム画面の配置も復元されます。

MEMO **iCloudバックアップの制限**

iCloudバックアップの容量は、無料の場合5GBまでなので、大量の写真や動画はすべてバックアップできない可能性があります。その場合はパソコン用のiTunesを使ってバックアップしましょう。なお、Sec.54で同期をオンにした項目のバックアップは必要ありません。

iCloudバックアップから復元する

① P.250手順⑩の画面で、<iCloudバックアップから復元>をタップします。

② iCloudにバックアップしているApple IDでサインインします。Apple IDとパスワードを入力し、<次へ>をタップします。

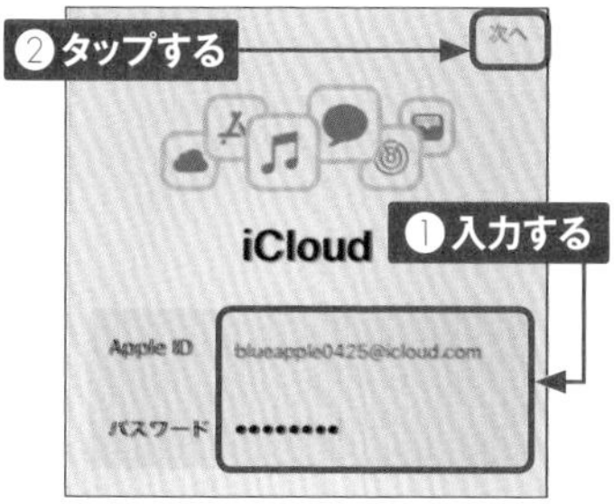

③「利用規約」画面が表示されるので、問題がなければ<同意する>をタップします。

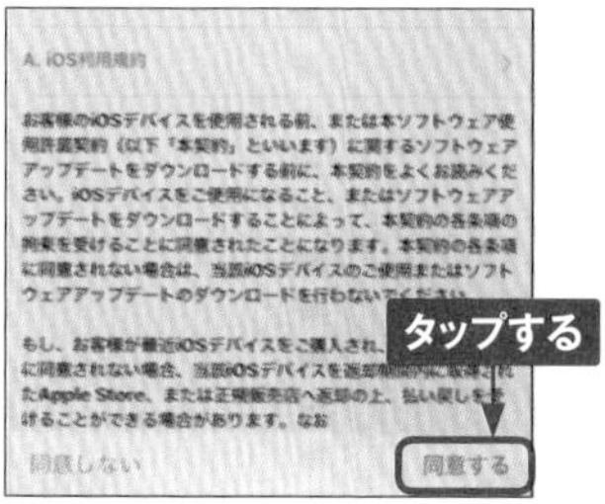

④「バックアップを選択」画面が表示されます。復元したいバックアップをタップします。

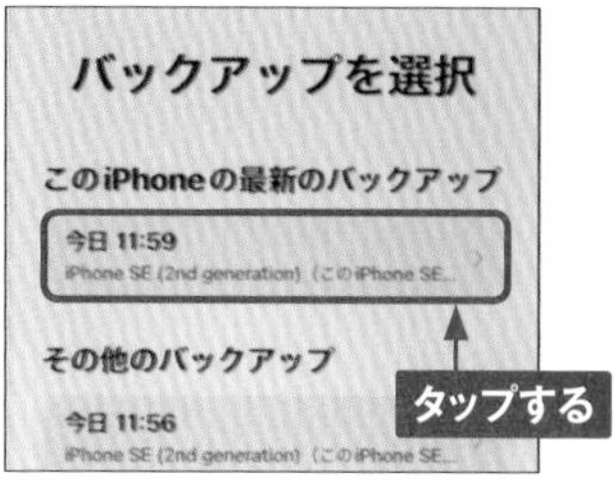

⑤「新しいiPhoneに設定を移行」画面が表示されます。<続ける>をタップし、画面の指示に従って進むと、復元が開始され、iPhoneが再起動します。

⑥ 再起動が終わるとロック画面が表示されます。パスコードを入力すると、復元が完了し、ホーム画面が表示されます。

索引

た行

は行

ま・ら行

お問い合わせについて

本書に関するご質問については、本書に記載されている内容に関するもののみとさせていただきます。本書の内容と関係のないご質問につきましては、一切お答えできませんので、あらかじめご了承ください。また、電話でのご質問は受け付けておりませんので、必ずFAXか書面にて下記までお送りください。
なお、ご質問の際には、必ず以下の項目を明記していただきますようお願いいたします。

1 お名前
2 返信先の住所またはFAX番号
3 書名
（ゼロからはじめる iPhone SE 第2世代 スマートガイド iOS15対応版）
4 本書の該当ページ
5 ご使用のソフトウェアのバージョン
6 ご質問内容

なお、お送りいただいたご質問には、できる限り迅速にお答えできるよう努力いたしておりますが、場合によってはお答えするまでに時間がかかることがあります。また、回答の期日をご指定なさっても、ご希望にお応えできるとは限りません。あらかじめご了承くださいますよう、お願いいたします。ご質問の際に記載いただきました個人情報は、回答後速やかに破棄させていただきます。

■ お問い合わせの例

FAX

1 お名前
技術　太郎

2 返信先の住所またはFAX番号
03-XXXX-XXXX

3 書名
ゼロからはじめる
iPhone SE 第2世代
スマートガイド iOS15対応版

4 本書の該当ページ
39ページ

5 ご使用のソフトウェアのバージョン
iOS 15.0.2

6 ご質問内容
手順3の画面が表示されない

お問い合わせ先

〒162-0846
東京都新宿区市谷左内町21-13
株式会社技術評論社　書籍編集部
「ゼロからはじめる iPhone SE 第2世代 スマートガイド iOS15対応版」質問係
FAX番号　03-3513-6167
URL：https://book.gihyo.jp/116

ゼロからはじめる iPhone《アイフォーン》 SE《エスイー》 第《だい》2《に》世《せ》代《だい》 スマートガイド iOS《アイオーエス》15 対《たい》応《おう》版《ばん》

2021年11月24日　初版　第1刷発行

著者……リンクアップ
発行者……片岡　巌
発行所……株式会社　技術評論社
東京都新宿区市谷左内町21-13
電話……03-3513-6150　販売促進部
03-3513-6160　書籍編集部
編集……リンクアップ
担当……田中　秀春
装丁……菊池　祐（ライラック）
本文デザイン・DTP……リンクアップ
本文撮影……リンクアップ
製本／印刷……図書印刷株式会社

ISBN978-4-297-12477-9 C3055

Printed in Japan